Scratch少儿编程
从入门到精通

案例
视频版

贾炜◎编著

北京理工大学出版社
BEIJING INSTITUTE OF TECHNOLOGY PRESS

内 容 提 要

本书从零开始，结合少年儿童学习编程的实际情况和兴趣特点，系统并全面地讲解了 Scratch 图形化界面编程的相关知识。

全书共 15 章，分别讲解 Scratch 软件与编程原理、相关模块指令的应用，包括运动指令、外观指令、声音指令、控制指令、事件指令、运算指令、变量指令、侦测指令、画笔指令及自制积木的相关应用。最后通过 4 个综合案例，讲解了 Scratch 游戏编程技能的综合应用。

本书内容全面，在编写中打破了传统知识教条式的写法，采用"理论＋示例＋实例"的形式，通过丰富的案例制作讲解 Scratch 编程的相关功能模块与指令应用。本书非常适合作为少年儿童学习 Scratch 编程的自学读物，同时可以作为广大家长辅导孩子编程及少儿编程培训机构的教材参考用书。

图书在版编目（CIP）数据

Scratch少儿编程从入门到精通：案例视频版 / 贾炜编
著.—北京：北京理工大学出版社，2022.4（2022.11重印）
　　ISBN 978-7-5763-1214-0

　　Ⅰ.①S… Ⅱ.①贾… Ⅲ.①程序设计 – 少儿读物
Ⅳ.①TP311.1-49

中国版本图书馆CIP数据核字（2022）第053300号

出版发行 / 北京理工大学出版社有限责任公司	
社　　址 / 北京市海淀区中关村南大街 5 号	
邮　　编 / 100081	
电　　话 / （010）68914775（总编室）	
（010）82562903（教材售后服务热线）	
（010）68944723（其他图书服务热线）	
网　　址 / http：//www.bitpress.com.cn	
经　　销 / 全国各地新华书店	
印　　刷 / 三河市中晟雅豪印务有限公司	
开　　本 / 787 毫米 × 1000 毫米　1 / 16	
印　　张 / 20.25	责任编辑 / 王晓莉
字　　数 / 497 千字	文案编辑 / 王晓莉
版　　次 / 2022 年 4 月第 1 版　2022 年 11 月第 2 次印刷	责任校对 / 刘亚男
定　　价 / 89.00 元	责任印制 / 施胜娟

Scratch 是由麻省理工学院设计开发的一款图形化编程工具，主要供少年儿童学习编程使用，旨在让编程初学者不需要先学习编程语言的语法便能设计产品。通过 Scratch 编程技能的学习，可以启发和提高少年儿童的专注力、创造力，以及对数学知识的理解和对逻辑思维的训练。

本书内容

本书前 11 章详细讲解 Scratch 软件的操作、Scratch 程序的组成、各个指令积木的用法，以"理论 + 示例 + 实例"的方式展开，后 4 章以综合案例的方式讲解 4 个有趣好玩的游戏。具体内容安排与结构如下。

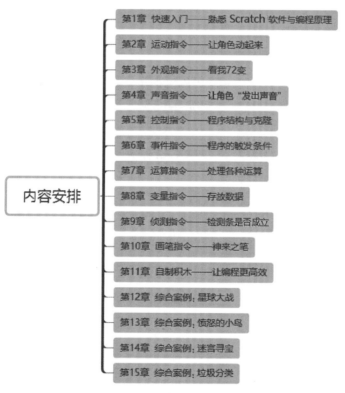

内容安排

第1章 快速入门——熟悉 Scratch 软件与编程原理

第2章 运动指令——让角色动起来

第3章 外观指令——看我72变

第4章 声音指令——让角色"发出声音"

第5章 控制指令——程序结构与克隆

第6章 事件指令——程序的触发条件

第7章 运算指令——处理各种运算

第8章 变量指令——存放数据

第9章 侦测指令——检测条是否成立

第10章 画笔指令——神来之笔

第11章 自制积木——让编程更高效

第12章 综合案例: 星球大战

第13章 综合案例: 愤怒的小鸟

第14章 综合案例: 迷宫寻宝

第15章 综合案例: 垃圾分类

本书特色

本书作者从事一线青少年编程教育工作多年，具有丰富的实战经验和教学经验。在写作方式上结合一线的教学实践，以"理论 + 示例 + 实例"的方式展开，每个知识点都结合相关示例讲解，让读者能够轻松掌握 Scratch 的编程知识。同时书中安排了大量的实例，讲解章节知识的综合应用。最后安排了 4 个综合案例，通过这 4 个综合案例的学习，可以掌握 Scratch 编程的综合应用。

配套学习资源下载说明

本书提供了以下配套学习资源，读者可以下载和使用。

（1）书中所有案例的源代码——方便读者参考学习、优化修改和分析使用。

（2）相关案例的视频教程——可以扫码观看相关案例的视频讲解。

（3）PPT 课件。

本书既可以作为少年儿童学习 Scratch 编程的自学用书，也可以作为广大家长辅导孩子的学习用书，同时可以作为广大青少年编程教育学校、培训机构的教材参考用书。为了方便老师教学使用，本书提供了 PPT 课件。

相关资源的下载方法

以上资料扫描下方二维码，关注公众号，输入"scbc02"，即可获取配套资源下载方式。

本书由长期从事青少年编程教育工作的贾炜老师编写，其具有丰富的实战经验和教学经验，在此，对贾炜老师的辛苦付出表示感谢。

由于计算机技术发展较快，书中疏漏和不足之处在所难免，恳请广大读者指正。

读者信箱：2315816459@qq.com

读者学习交流 QQ 群：535212312

目 录

快速入门
——熟悉 Scratch 软件与编程原理

📖 本章导读

欢迎来到神奇的 Scratch 编程世界。使用 Scratch 软件，可以自由地发挥创造力、想象力，把各种奇思妙想通过编程展现出来，例如制作一个好玩的游戏、一段有趣的动画、一张创意的贺卡。本章将认识 Scratch 软件，学习使用 Scratch 软件进行编程，了解 Scratch 程序的组成和结构。

扫一扫，看视频

1.1 Scratch 软件简介

Scratch 是一款风靡全球的图形化程序设计软件，是由麻省理工学院的"终身幼儿园团队"开发的。Scratch 通过简单的图形进行编程，相对于代码编程来说，更容易激发儿童的好奇心，以此培养其编程兴趣，提高其逻辑思维能力。

1.1.1 Scratch 软件界面

打开 Scratch 软件，Scratch 软件界面如图 1-1 所示。左上角的紫色框区域为菜单栏，包含角色的代码、造型和声音；左侧的红色框区域为指令积木区，包含各种指令，如运动、控制、侦测、运算等指令积木；中间的紫色框区域为程序编辑区，在 Scratch 中进行编程时，就是把左侧指令积木区中的指令积木拖到程序编辑区，然后按照一定的规则顺序进行组合；右上角的绿色框区域为舞台区，程序执行时，所有角色会在舞台区完成相关动作；右下方的蓝色框区域为角色列表区，可以在该区域添加或者删除角色；右下角的黑色框区域为背景列表区，可以在该区域添加或者删除背景。

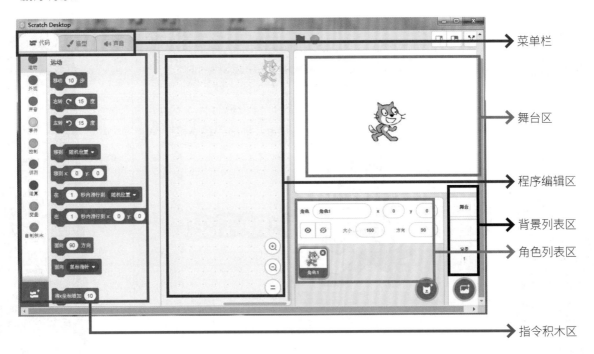

图 1-1　Scratch 软件界面

1.1.2 指令的拖动与拼接

Scratch 是一款图形化编程软件，因此不同于代码编程的方法，代码编程的语法规则比较复杂，不适合初学者。Scratch 编程非常简单，只需把指令积木区的指令积木拖动到程序编辑区，并按照一定的规则逻辑拼接组合即可。如图 1-2 所示，把指令积木区的指令积木拖动到程序编辑区。

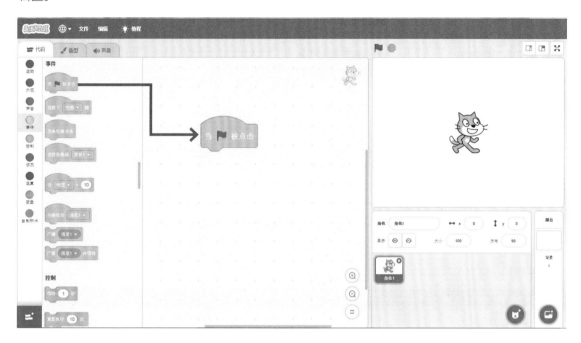

图 1-2　把指令积木区的指令积木拖动到程序编辑区

小技巧: 如何拖动指令积木呢?

在 Scratch 中编程,使用拖动的方式移动指令积木,拖动就是把鼠标指针移动到指令积木上,然后按住鼠标左键,指令积木就会跟随鼠标移动, 把指令积木移动到目标位置后松开鼠标,指令积木就被放置在目标位置了。

把指令积木拖动到程序编辑区并没有完成编程，还必须保证上下指令之间的有效拼接。如图 1-3 所示，把移动指令也拖动到了程序编辑区，这时移动指令和绿旗指令之间没有有效拼接，这是无效的，这时点击绿旗，不会执行移动指令。

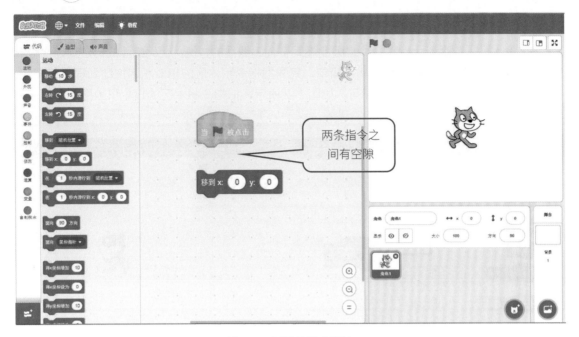

图 1-3　无效的指令拼接

　　怎样才是有效的指令拼接呢？如图 1-4 所示，上下指令的凹凸位置必须对齐且紧挨在一起，这样的拼接才是有效的。

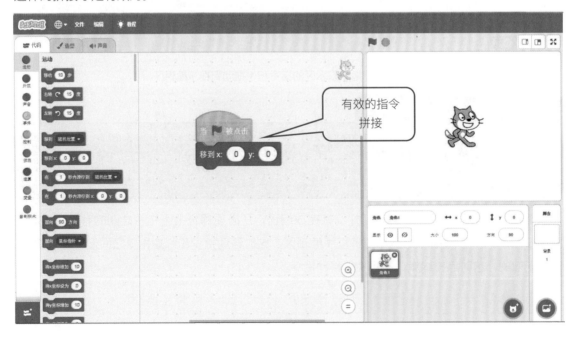

图 1-4　有效的指令拼接

小技巧: 指令的拼接技巧

在 Scratch 中编程时，一般采用从上往下的顺序拼接指令，即上方的指令不动，移动下方的指令靠近上方的指令，当两个指令之间的距离小到一定程度时，就会出现阴影，这时松开鼠标左键，指令就会自动完成拼接，如图 1-5 所示。

图 1-5　指令自动完成拼接

1.2　角色包含的属性

使用 Scratch 编程，要遵循面向对象的编程思想，这里的对象就是角色。每个角色都有三个属性：代码、造型和声音，即菜单栏中的三个选项卡。编程时可以为角色添加声音和造型，通过程序控制造型的变化，以及声音的播放与暂停。

1.2.1　代码

打开 Scratch 软件，给某个角色编写程序的操作如下：

第 1 步：点击角色列表区中的具体角色，在此选择"角色 1"，也就是小猫。

第 2 步：点击左上角菜单栏的"代码"选项卡。

第 3 步：在中间的程序编辑区中给选中的角色编写程序，如图 1-6 所示。

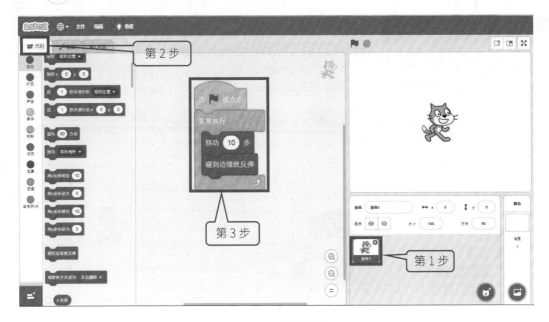

图1-6　给小猫编写程序

1.2.2　造型

　　在 Scratch 中，一个角色可以有一个或者多个造型，在哪里可以看到角色的造型呢？点击左上角菜单栏的"造型"选项卡，可以在造型列表中看到角色（小猫）的所有造型，如图1-7所示。

图1-7　查看角色的造型

在图 1-7 中，左侧红色框中的两张图片就是小猫的两种造型，可以在此添加或者删除造型。点击左侧的造型图片时，中间的造型图片就会跟着改变，也可以通过相关工具修改造型图片。

1.2.3 声音

如果想要程序播放声音，可以给角色添加一段或者多段声音文件。点击左上角菜单栏的"声音"选项卡，进入声音设置界面，如图 1-8 所示。在左侧区域可以添加或者删除声音文件，中间区域为该声音文件的频谱图，可以修改该声音文件。

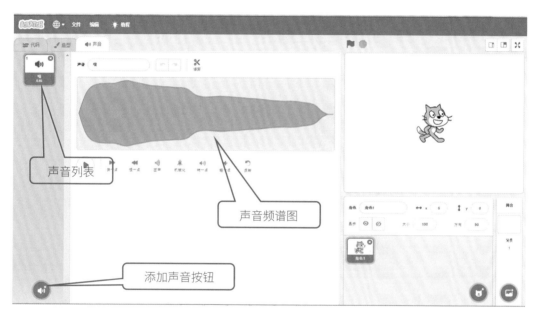

图 1-8　查看角色的声音

1.3　一个完整的 Scratch 程序

通过 1.2 节的学习，已经知道一个角色应该包含代码、造型和声音三个属性，那么一个完整的 Scratch 程序又应该包含哪些指令呢？接下来逐一讲解。

1.3.1 触发条件

程序的触发条件就是程序的开始条件，触发条件需要触发指令，常见的程序的触发指令是"当绿旗被点击"，如图 1-9 所示。也就是说，编写完成一段程序后，程序并不会马上执行，要等点击舞台区左上方的绿旗按钮时，程序才会执行。

图 1-9　程序的触发指令

一个完整的程序必须要有触发条件，否则程序无法执行，其他触发条件的指令会在第 6 章讲解。

1.3.2　程序结构

在编写程序时，要根据具体要求合理地选择程序结构。Scratch 中包括顺序结构、分支结构和循环结构三种类型。

顺序结构是最简单的，也是最常见的结构，即程序按从上往下的顺序执行，当执行完最后一个程序指令后，程序就结束了。顺序结构的程序如图 1-10 所示，当点击绿旗后，小猫面向 90 度方向，然后移动 10 步，再右转 15 度，说"你好！"2 秒，最后播放声音"喵"后，整个程序就结束了。

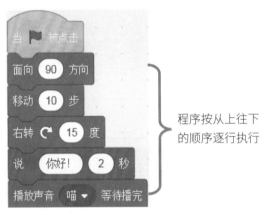

图 1-10　顺序结构的程序

分支结构需要用分支语句来完成。在分支结构中，并不是每条语句都会执行，而是根据条件选择性地执行。分支结构的程序如图 1-11 所示，当点击绿旗后，程序判断小猫是否碰到鼠标指针，如果碰到了鼠标指针，小猫右转 15 度，程序结束；否则，小猫左转 15 度，程序结束。

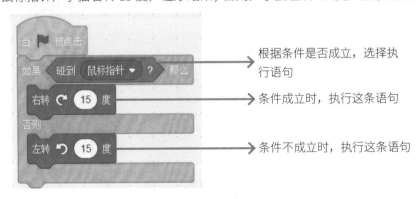

图 1-11　分支结构的程序

循环结构需要用循环语句来完成，在循环语句内部的语句会重复执行。循环分为有限循环和无限循环。循环结构的程序如图 1-12 所示，当点击绿旗后，小猫左转 15 度，然后等待 1 秒，又左转 15 度，又等待 1 秒，重复执行这两个指令，程序会永不停歇地执行下去。可以看到小猫在逆时针转圈，直到点击舞台左上方的红色"停止"按钮，小猫才会停止转动。

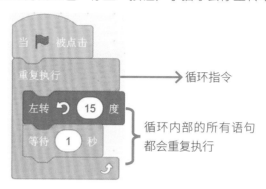

图 1-12　循环结构的程序

一般情况下，这三种结构会嵌套使用，如在循环结构中有分支结构，在分支结构中有顺序结构。

1.3.3　程序的结束条件

程序的结束条件与触发条件相对应，即当满足某个条件或者多个条件时，程序就会结束执行。这主要是针对循环结构的程序，对于单一顺序结构和分支结构来说，并不需要考虑程序的结束条件。程序的结束指令如图 1-13 所示。

图 1-13　程序的结束指令

实例 1-1：让小猫"走"起来

认识了 Scratch 软件和 Scratch 程序的基本结构后，下面编写一个完整的 Scratch 程序。

【实例说明】

如何编写一个让小猫"走"起来的程序呢？实现小猫"走"的动作，即双脚交替向前运动。可以看到小猫有两个造型，两个造型中双脚的姿势是不同的，如图 1-14 所示。只要让小猫在向前运动时不断地切换造型，就可以实现"走"的动作。

图 1-14　小猫的两个造型

【实现方法】

根据上面的程序说明，开始编写小猫的程序。

第1步： 选择触发条件，在点击绿旗时，程序开始执行，从指令积木区把该指令积木拖动到程序编辑区（注意：该指令在"事件"积木区中），如图 1–15 所示。

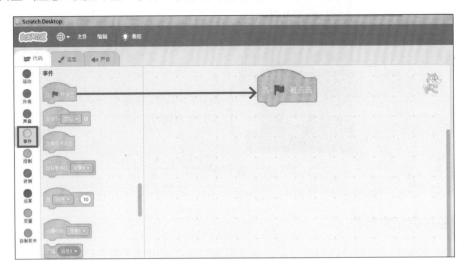

图 1–15　拖动触发指令

第2步： 设置小猫的初始位置，即程序开始时小猫的位置，在此设置小猫在中心位置。在"运动"积木区中，选择移到 x、y 指令，拖动到程序编辑区，并把 x、y 坐标改为 0、0，如图 1–16 所示。

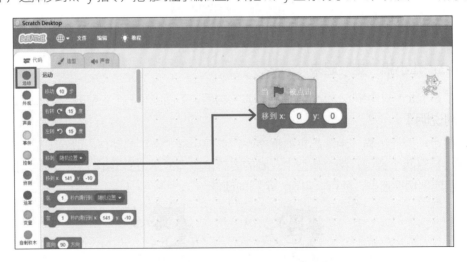

图 1–16　拖动移动指令

第3步： 选择程序的结构，在此选择有限循环，从指令积木区把该重复执行指令拖动到程序编辑区，并把重复次数改为 200，如图 1–17 所示（注意：该指令在"控制"积木区中）。

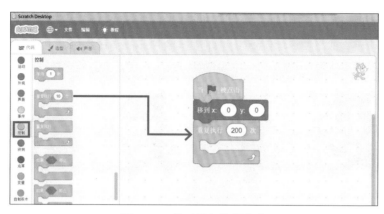

图 1-17　拖动重复执行指令

第 4 步: 在循环结构中添加移动指令,并把步数改为 1,如图 1-18 所示。

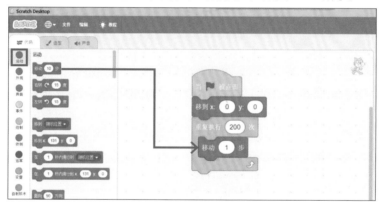

图 1-18　拖动移动指令

第 5 步: 在外观指令的下面添加下一个造型指令,如图 1-19 所示(注意: 该指令在"外观"积木区中)。

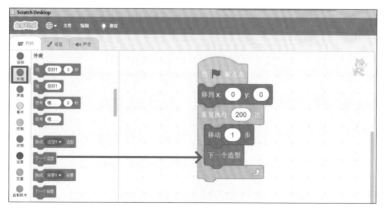

图 1-19　拖动改变造型指令

【程序执行结果】

通过上面 5 步就完成了整个实例程序，如图 1–19 所示。点击绿旗，小猫从左开始向右移动，每移动 1 步就切换一次造型，小猫从舞台中间位置一直向右边走去。程序执行结果如图 1–20 所示。

图 1–20　程序执行结果

总结与练习

【本章小结】

通过本章的学习，可以知道 Scratch 软件包括指令积木区、程序编辑区、角色列表区、背景列表区和舞台区。Scratch 既是一个软件，又是一门面向角色的编程语言，即程序是角色的一个属性，角色还包含造型和声音属性。本章还学习了 Scratch 程序的三种结构：顺序结构、分支结构和循环结构；了解到一段完整的程序应该包含触发指令、程序结构、结束指令。最后，通过编写一段让小猫"走"起来的程序，练习了本章所学的知识。

【巩固练习】

一、选择题

1. 以下选项中，（　　）不是 Scratch 中角色应有的属性。

　　A. 造型　　　　　　　　B. 代码　　　　　　　　C. 声音　　　　　　　　D. 运动

2. 添加或删除角色造型，应该点击（　　）按钮。

　　A. 代码　　　　　　　　B. 声音　　　　　　　　C. 造型　　　　　　　　D. 文件

3. 在 Scratch。中，程序结构不包括（　　）结构。

　　A. 顺序　　　　　　　　B. 分支　　　　　　　　C. 循环　　　　　　　　D. 反复

二、判断题

1. 在一个 Scratch 项目中，可以有多个角色。（　　　）

2. 在一个 Scratch 项目中，可以有多个背景。（　　　）

第2章

运动指令

——让角色动起来

📖 **本章导读**

　　在第 1 章编写的让小猫"走"起来的实例中，用到了运动指令。本章将详细介绍运动模块下的所有指令，包括角色坐标、角色移动和角色转向等。

扫一扫，看视频

2.1 运动指令与功能说明

运动指令积木与功能说明见表 2-1，需要熟练掌握每个指令积木的功能与相关指令的区别。

表 2-1 运动指令积木与功能说明

序 号	积 木	功能说明
1	移动 10 步	角色往指定方向运动一定的步数
2	移到 随机位置 ▼ 移到 x: 66 y: -46	移动角色到随机位置或者指定位置
3	将x坐标设为 66 将y坐标增加 10	设置角色的 x 坐标或者 y 坐标
4	将x坐标增加 10 将y坐标增加 10	改变角色的坐标，增加或者减少
5	面向 90 方向 面向 鼠标指针 ▼	设置角色面向指定方向，或者设置角色面向鼠标的方向
6	右转 ↻ 15 度 左转 ↺ 15 度	设置角色的方向，右转或者左转一定的角度
7	x 坐标 y 坐标 方向	获取角色的坐标和方向
8	将旋转方式设为 左右翻转 ▼	设置角色的旋转方式，包括左右翻转、不可旋转、任意旋转
9	在 1 秒内滑行到 随机位置 ▼	在指定时间内滑行到随机位置
10	在 1 秒内滑行到 x: 66 y: -46	在指定时间内滑行到指定位置
11	碰到边缘就反弹	角色碰到舞台边缘后反向，即与之前的方向相反

2.2 平面直角坐标系

在同一个平面上互相垂直且有公共点的两条数轴构成平面直角坐标系，简称直角坐标系。通常情况下，两条数轴分别位于水平位置和垂直位置，取向右与向上的方向为两条数轴的正方向。水平位置的数轴叫作 x 轴或横轴，垂直位置的数轴叫作 y 轴或纵轴，x 轴和 y 轴统称为坐标轴，它们的公共点称为直角坐标系的原点。图 2-1 所示就是一个平面直角坐标系，o 为原点，横轴为 x，纵轴为 y。

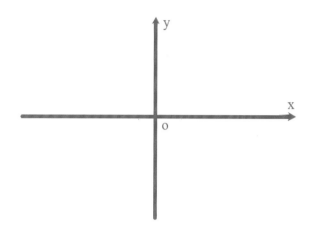

图 2-1　平面直角坐标系

2.2.1　坐标点

　　在一个坐标系中，通常使用横坐标和纵坐标表示一个点的位置，如（0,0）表示横坐标、纵坐标的交叉点为原点；（0,10）表示纵坐标 y 轴上的一个点；（10,0）表示横坐标 x 轴上的一个点。从原点开始往右，x 坐标的值越来越大；从原点开始往左，x 坐标的值越来越小。同样，从原点开始往上，y 坐标的值越来越大；从原点开始往下，y 坐标的值越来越小。

2.2.2　舞台的坐标

　　在 Scratch 中，舞台就是一个平面直角坐标系，原点在舞台的中心位置，如图 2-2 所示。舞台的大小为 480×360，即长为 480，高为 360，单位为像素点。舞台正上方的中心的坐标为（0,180），舞台正下方的中心的坐标为（0,-180），舞台左边的中心的坐标为（-240,0），舞台右边的中心的坐标为（240,0）。

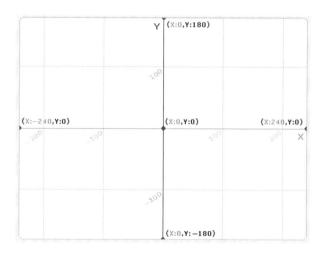

图 2-2　舞台的坐标示意图

2.2.3 角色的中心点

在 Scratch 中，角色就是图片。一张图片由很多个点组成。角色的位置是通过角色的中心点的坐标来表示的。图片上的哪个点是角色的中心点呢？接下来就看看角色的中心点。

第 1 步： 在 Scratch 中，点击左上角菜单栏的"造型"选项卡，如图 2-3 所示。

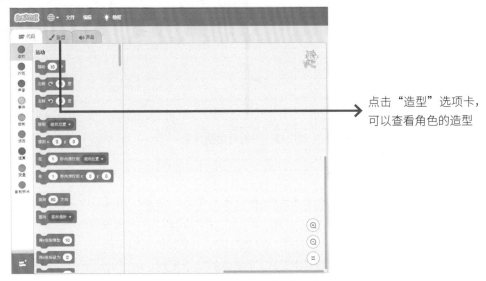

点击"造型"选项卡，可以查看角色的造型

图 2-3 点击"造型"选项卡

小猫的造型图片如图 2-4 所示。此时，角色的中心点在小猫图片的中心位置，被小猫图片覆盖，因此看不到。

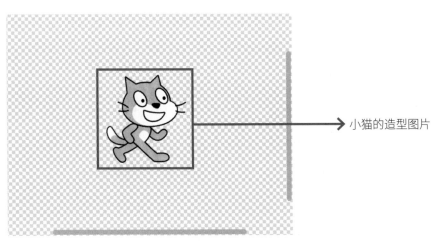

小猫的造型图片

图 2-4 小猫的造型图片

第 2 步： 选中小猫的造型图片，移动造型图片到左侧的位置，这时角色的中心点在小猫图片的右边，即圆圈中的十字形，如图 2-5 所示。

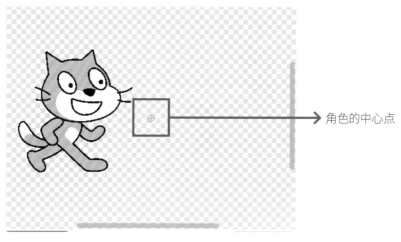

图 2-5　角色的中心点

　　如果不把造型图片移动到中心点,这时角色的中心点就在造型图片的右边,而不在造型图片上。在编程中,合理地改变角色的中心点,将会提高编程效率。

2.2.4　移动角色到指定坐标

　　既然舞台是一个坐标系,角色的中心点是一个坐标点,是否可以把角色移动到指定的坐标点上呢? 答案是肯定的,可以使用如图 2-6 所示的指令实现这个功能。

图 2-6　移动角色到指定坐标

【示例 2-1】

　　如果想要把小猫从舞台的中心位置移动到舞台的左上方位置,只需满足 x 坐标的范围在 –240 到 0 之间,y 坐标的范围在 0 到 180 之间即可。小猫的程序如图 2-7 所示。

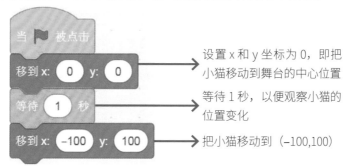

设置 x 和 y 坐标为 0,即把小猫移动到舞台的中心位置

等待 1 秒,以便观察小猫的位置变化

把小猫移动到 (–100,100)

图 2-7　小猫的程序

　　程序编写完成后,点击绿旗执行程序,结果如图 2-8 所示。可以看到开始时小猫在舞台的中

心位置，1秒后移动到舞台的左上方。

图 2-8　小猫从舞台的中心位置移动到舞台的左上方

2.2.5　设置角色的坐标

使用图 2-9 所示的两个指令可以设置角色的坐标。与 2.2.4 节不同的是，这两个指令可以单独设置 x 坐标或 y 坐标，即在设置 x 坐标时不用关心此时的 y 坐标，设置 y 坐标时也不用关心此时的 x 坐标。

图 2-9　设置角色的坐标的两个指令

【示例 2-2】

如果想要把小猫从舞台的最左边移动到最右边，只需单独增加 x 坐标即可。小猫的程序如图 2-10 所示。

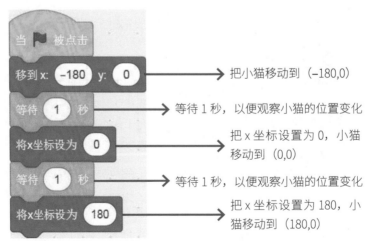

图 2-10　小猫的程序

程序编写完成后，点击绿旗执行程序，开始时小猫在舞台的左边，过了 1 秒，小猫移动到舞台的中心位置，又过了 1 秒，小猫移动到舞台的右边，如图 2-11 所示。

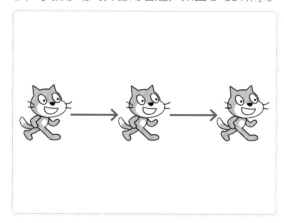

图 2-11 小猫从舞台的左边移动到右边

2.2.6 改变角色的坐标

改变角色的坐标还可以使用如图 2-12 所示的两个指令，通过增加或者减小坐标的数值达到改变角色的位置的目的。当角色往右移动时，将 x 坐标增加一个正整数；当角色往左移动时，将 x 坐标增加一个负整数。同样，当角色往上运动时，将 y 坐标增加一个正整数；当角色往下运动时，将 y 坐标增加一个负整数。

图 2-12 改变角色的坐标的指令

【示例 2-3】

小猫的初始位置为（0,0），想要把小猫移动到左上方位置（-100,100），程序如图 2-13 所示。

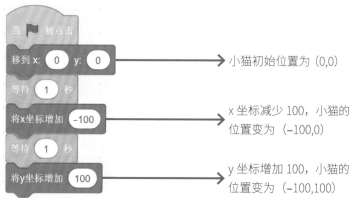

图 2-13 移动小猫到（-100，100）位置

程序编写完成后，点击绿旗执行程序，可以看到小猫从舞台的中心位置移动到舞台的左边，然后移动到上方，如图 2-14 所示。

图 2-14　小猫从舞台的中心位置移动到舞台的左上方

2.3　移动积木和滑行积木

在 Scratch 中，运动指令下的所有积木都可以使角色运动，比较常用的有移动积木和滑行积木。

2.3.1　移动积木

移动积木如图 2-15 所示，该指令与角色的方向相关，执行该指令会使角色往当前方向移动 10 步。移动步数可以根据具体情况，按实际需要填写。移动积木会使角色瞬间运动到相应位置。

图 2-15　移动积木

【示例 2-4】

在 Scratch 中，角色的默认方向为向右。调用移动指令时，小猫就往右移动。示例程序如图 2-16 所示。

程序编写完成后,点击绿旗执行程序,可以看到小猫从舞台的中心位置瞬间移动到舞台的右边,这时小猫的坐标为（180,0），如图 2-17 所示。

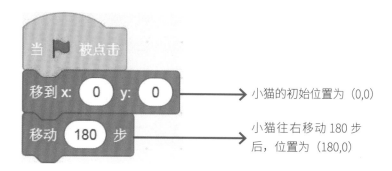

小猫的初始位置为（0,0）

小猫往右移动 180 步后，位置为（180,0）

图 2-16　小猫瞬间移动的程序

图 2-17　小猫从舞台的中心位置移动到舞台的右边

2.3.2　滑行积木

滑行积木如图 2-18 所示，执行该指令会使角色移动到指定位置，并且可以设置移动速度，在距离相同的情况下，时间越长速度就越慢，反之越快。

图 2-18　滑行积木

【示例 2-5】

滑行与移动的区别是：滑行是匀速运动，可以看见运动过程，而移动是瞬间完成的，运动过程不可见。小猫滑行的程序如图 2-19 所示。

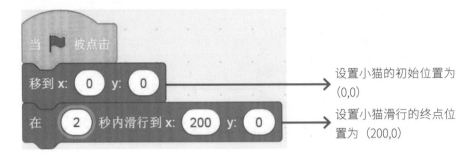

图 2-19　小猫滑行的程序

程序编写完成后，点击绿旗执行程序，如图 2-20 所示，可以看到小猫从舞台的中心位置慢慢地滑行到舞台的右边，而不是瞬间移动。

图 2-20　小猫从舞台的中心位置滑行到舞台的右边

实例 2-1：龟兔赛跑

【实例说明】

龟兔赛跑的故事讲的是，在兔子和乌龟赛跑的过程中，兔子嘲笑乌龟爬得慢，乌龟坚定地说："总有一天我会赢。"兔子说："那我们现在就开始比赛。"于是乌龟拼命地爬，而兔子认为赢过乌龟太轻松了，决定先打个盹，再追上乌龟（见图 2-21）。乌龟一刻不停地努力向前爬，当兔子醒来的时候，乌龟已经到达终点。

图 2-21　龟兔赛跑

【实现方法】

这里有乌龟和兔子两个角色，需要在角色列表区添加这两个角色。添加角色的步骤如下。

第 1 步: 将鼠标移动到如图 2-22 所示的红色框中的添加角色按钮上，随之弹出菜单栏，如图 2-23 所示。

图 2-22　移动鼠标到添加角色按钮

图 2-23　弹出菜单栏

第 2 步: 在弹出的菜单栏中选择形如"放大镜"的选项，如图 2-24 所示，表示从 Scratch 软件库中选择一个角色。

第 3 步: 点击"选择一个角色"选项后，就进入了角色库。Scratch 在角色库中提供了各种各样的角色图片，如图 2-25 所示，可以根据上方的角色分类快速找到想要的角色类型。找到想要的角色图片后，点击图片即可将该角色添加到角色列表区中。

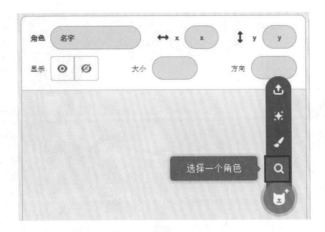

图 2-24　选择一个角色

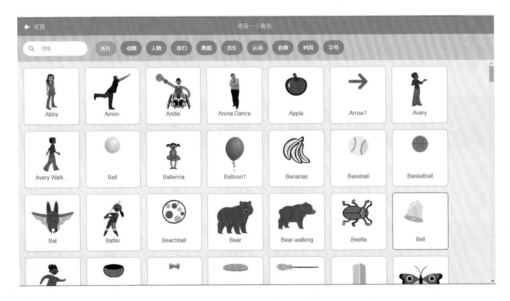

图 2-25　在角色库中选择角色

第 4 步：由于 Scratch 角色库中没有乌龟，因此这里选择一个外形和乌龟比较像的瓢虫角色代替乌龟。如图 2-26 所示，已经成功地把两个角色添加到角色列表区中。

第 5 步：开始时，乌龟和兔子的 x 坐标都是 -180，然后它们开始从左往右运动，它们的运动路程都是 300 步。乌龟的速度比较慢，每秒运动 60 步；兔子的速度很快，一个跳跃就运动 100 步。乌龟虽然速度慢，但是它不休息，一直在努力前进；兔子虽然速度快，但是它跳一步，要休息 3 秒。分析完程序的运行逻辑后，就可以编程了。先编写乌龟的程序，如图 2-27 所示。

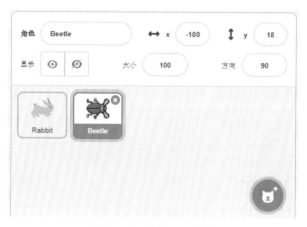

图 2-26　角色添加成功

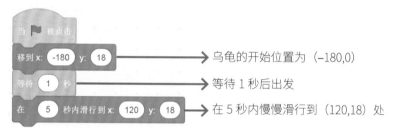

图 2-27　乌龟的程序

第 6 步：乌龟的程序编写完成后，再编写兔子的程序，如图 2-28 所示。

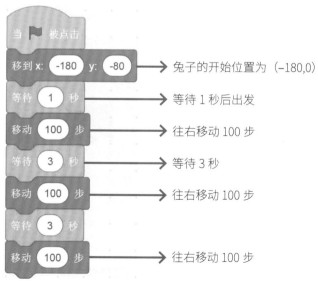

图 2-28　兔子的程序

【程序执行结果】

编写完乌龟和兔子的程序后，点击绿旗执行程序。开始时兔子和乌龟在同一起跑线上，如图2-29所示。

图2-29　兔子和乌龟在同一起跑线上

接下来，乌龟一步一步慢慢地从左往右运动，而兔子瞬间移动了100步，然后休息3秒，接着又瞬间移动了100步，再休息3秒；再瞬间移动了100步，最终乌龟率先到达终点，如图2-30所示。

图2-30　乌龟率先到达终点

虽然乌龟的运动速度比较慢，但是它坚持不懈，最终赢得了比赛。虽然兔子的运动速度非常快，但是它中途经常休息，不能持之以恒，最后输给了速度比自己慢很多的乌龟。

2.4 方向积木

运动离不开方向，在 2.3 节的龟兔赛跑程序中并没有设置它们的方向，它们都是向右运动的，可以推断出角色的默认方向为向右。如果想改变角色的方向，就需要使用与方向相关的积木指令。与方向相关的积木主要有面向积木和转向积木。

2.4.1 设置角色的方向

通过面向积木可以设置角色的方向，根据实际需要填写面向的角度，面向积木如图 2-31 所示。角度为"180"时方向向下；角度为"90"时方向向右；角度为"-90"时方向向左。在 Scratch 中，角色的方向在 -180 度到 180 度之间，也可以填写超过该范围的数字，最终的方向会通过加减 360 转化为 -180 度到 180 度之间。

面向 -90 方向

图 2-31 面向积木

【示例 2-6】

先设置小猫面向 90 度方向，也就是默认方向，1 秒后面向 0 度方向，如图 2-32 所示。

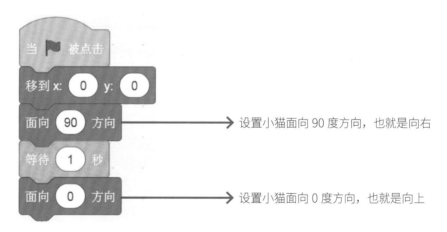

当 ▶ 被点击

移到 x: 0 y: 0

面向 90 方向 ———→ 设置小猫面向 90 度方向，也就是向右

等待 1 秒

面向 0 方向 ———→ 设置小猫面向 0 度方向，也就是向上

图 2-32 设置小猫面向的角度

程序编写完成后，点击绿旗执行程序，开始时小猫面向右边，1 秒后变为面向上方，如图 2-33 所示。

图 2-33　小猫方向的变化

2.4.2　角色右转与左转

控制角色转向的积木分为右转和左转，转向积木如图 2-34 所示。面向积木用于设置角色的方向，执行该指令后，角色的方向是确定的。转向积木是改变角色的方向，执行指令后，角色的方向需要通过计算才知道，不管是右转还是左转，都是以角色的中心点为中心转动的。

图 2-34　转向积木

如果角色的初始方向为 45 度，执行右转 30 度的指令后，角色的角度为 45 度加上 30 度，即 75 度；如果是左转 30 度，角色的角度为 45 度减去 30 度，即 15 度。

【示例 2-7】

先设置小猫面向 90 度方向，然后每隔 1 秒左转 90 度，总共旋转 4 次，如图 2-35 所示。

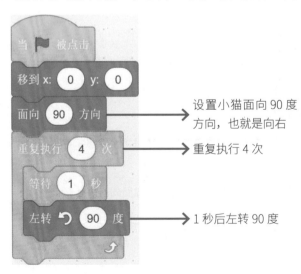

设置小猫面向 90 度方向，也就是向右

重复执行 4 次

1 秒后左转 90 度

图 2-35　小猫左转 4 次的程序

程序编写完成后，点击绿旗执行程序，开始时小猫在舞台的中心位置，面向右边，每隔 1 秒左转 90 度，总共旋转 4 次，最终方向还是面向右边，如图 2-36 所示。

图 2-36　小猫左转 4 次的结果

实例 2-2：小球转圆圈

下面利用方向积木指令完成一个让小球转圆圈的程序，如图 2-37 所示，红色圆圈是小球的运动轨迹。

图 2-37　小球与它的运动轨迹

【实例说明】

要让小球的运动轨迹是一个圆形，即小球绕着圆形的中心点运动，编程方法有很多种，最简单的方法是把小球的中心点移动到小球外面去，如图 2-38 所示。

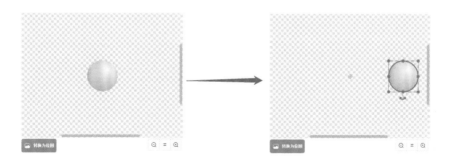

图 2-38　改变小球的中心点

【实现方法】

改变小球的中心点后，编写小球的程序就变得非常容易。把小球移动到舞台的中心位置，然后使用循环结构，在循环结构中放置一个左转 5 度的指令，程序如图 2-39 所示。

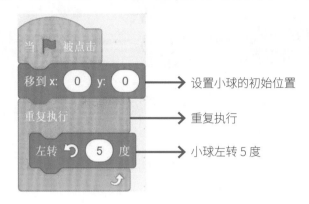

图 2-39　小球转圆圈的程序

【程序执行结果】

程序编写完成后，点击绿旗执行程序。如图 2-40 所示，小球绕着中心点转圆圈，运动轨迹是一个圆形，如果想要让圆形更大，可以在图 2-38 中把小球移动到距离角色的中心点更远的位置。

图 2-40　小球转圆圈的结果

2.4.3　设置旋转方式

在 Scratch 编程中，还可以设置角色的旋转方式。如图 2-41 所示，可以设置三种旋转方式：左右翻转、不可旋转和任意旋转，默认为任意旋转。下面重点学习左右翻转方式。

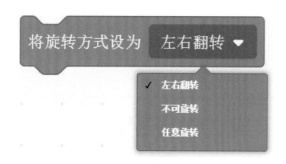

图 2-41　旋转方式指令

左右翻转方式就是角色在舞台上表现出来的方向只能向左或者向右，但是角色的实际角度可以为任意值。

【示例 2-8】

示例程序如图 2-42 所示，先设置为左右翻转方式，小猫面向 90 度方向，即向右的方向；等待 1 秒后，设置小猫面向 180 度方向，即向下的方向；再等待 1 秒后，设置小猫面向 0 度方向，即向上的方向。

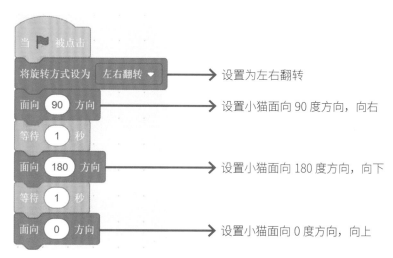

图 2-42　设置左右翻转方式 1

程序编写完成后，点击绿旗执行程序。如图 2-43 所示，直到程序运行结束，小猫的方向都是向右，没有改变。这是因为设置了左右翻转方式。向左为 -90 度，向右为 90 度，而 0 度和 180 度恰好处于向左和向右的中间角度，因此小猫保持原来的方向不变。

图 2-43　小猫的方向始终没变

【示例 2-9】

如果小猫的方向不是 90 度、180 度、0 度、–90 度这 4 个特殊的角度，这时小猫的方向应该是怎样的呢？示例程序如图 2-44 所示。

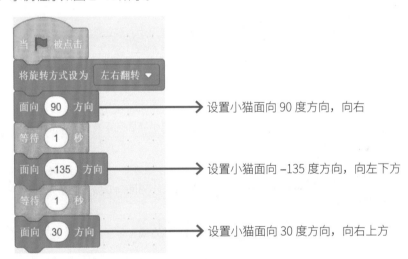

设置小猫面向 90 度方向，向右

设置小猫面向 –135 度方向，向左下方

设置小猫面向 30 度方向，向右上方

图 2-44　设置左右翻转方式 2

程序编写完成后，点击绿旗执行程序。如图 2-45 所示，开始时小猫的方向向右，过了 1 秒后，小猫的方向向左，再过 1 秒后，小猫的方向又向右。这是因为 –135 度方向为左下方，更接近 –90 度，所以小猫的方向向左；而 30 度方向为右上方，更接近 90 度，所以小猫的方向向右。

图 2-45　程序执行结果

　　通过上面的两个示例详细地讲解了左右翻转方式，不管设置多少度，表现出的角色的旋转角度只有 –90 度和 90 度。

　　不可旋转方式就是角色不能左转或者右转，只能保持初始方向；任意旋转方式与不可旋转方式相反，设置为任意旋转方式后，角色可以朝向设置的任意角度。

2.4.4　获取角色的方向与坐标

　　除了设置角色的位置和方向，还可以通过如图 2-46 所示的指令获取角色当前的位置坐标和方向。

图 2-46　获取位置坐标和方向指令

【示例 2-10】

　　小猫从舞台的中心位置出发运动一段时间后迷路了，不知道自己走到了哪里，这时可以根据图 2-47 的程序找到自己的位置和方向。

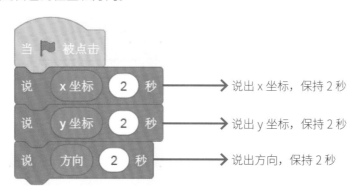

图 2-47　小猫说出坐标值和方向的程序

　　程序编写完成后，点击绿旗执行程序。如图 2-48 所示，开始时小猫的方向向右，在舞台的中心位置，最后运动到舞台的右下角位置，并分别说出了所处的 x 坐标、y 坐标和方向。

图 2-48　小猫分别说出 x、y 坐标和方向

除了通过指令获取位置坐标和方向外，还可以直接在舞台的下方看到角色当前的位置坐标和方向。如图 2-49 所示，拖动小猫到舞台的任意位置，小猫的坐标和方向信息也随之改变。

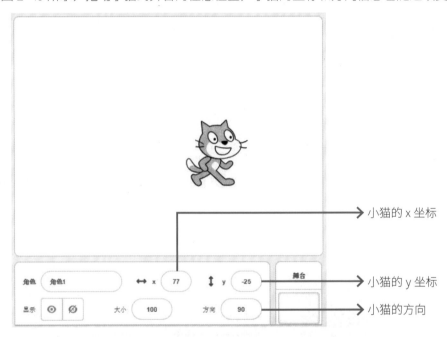

图 2-49　程序界面显示小猫的坐标和方向信息

2.4.5　碰到边缘就反弹

在运动模块下，还有一个如图 2-50 所示的指令，该指令具有两个功能：检测角色是否碰到舞台边缘和改变角色的方向。

图 2-50　碰到边缘就反弹指令积木

【示例 2-11】

小猫从舞台的中心位置出发向右运动，碰到舞台的右边缘，执行碰到边缘就反弹指令，看看会发生什么呢？示例程序如图 2-51 所示。

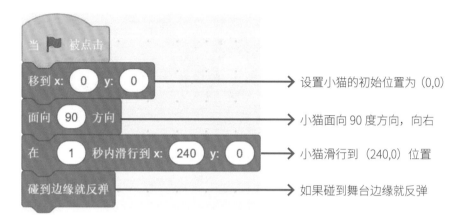

图 2-51　碰到边缘就反弹的程序

程序编写完成后，点击绿旗执行该程序，执行结果如图 2-52 所示，开始时小猫在舞台的中心位置，然后向右运动，碰到舞台的右边缘以后，方向改为向左。

图 2-52　程序执行结果

实例 2-3：自由运动的小球

【实例说明】

本章学习了 Scratch 软件中与运动相关的指令积木，接下来编写一个小球在舞台上自由运动的程序。小球自由运动的界面如图 2-53 所示。

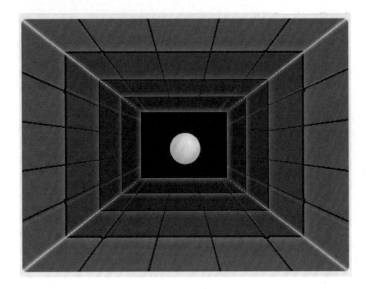

图 2-53　小球自由运动的界面

【实现方法】

第 1 步： 导入舞台背景，选择 Neon Tunnel 作为背景图片，如图 2-54 所示。

图 2-54　导入舞台背景

第 2 步： 添加小球角色，选择 Ball 作为角色，如图 2-55 所示。

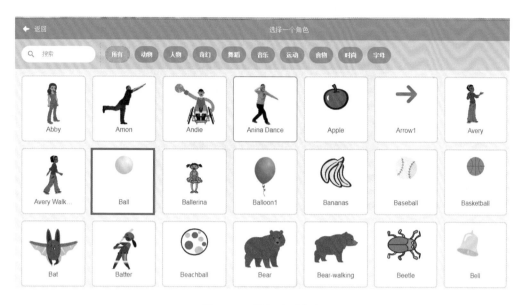

图 2-55　添加小球角色

第 3 步：背景和角色添加完成后，开始给角色编程。怎样让小球自由运动呢？小球不停地在舞台中移动，碰到舞台边缘就往相反的方向运动，程序如图 2-56 所示。

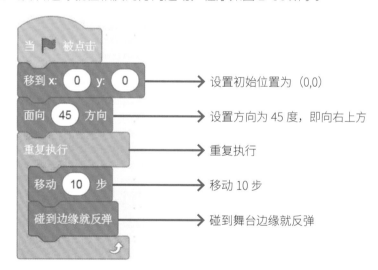

图 2-56　小球自由运动的程序

【程序执行结果】

程序编写完成后，点击绿旗执行程序。如图 2-57 所示，开始时小球在舞台的中心位置，然后朝右上方运动，碰到舞台右边缘后往反方向运动，重复这个过程。

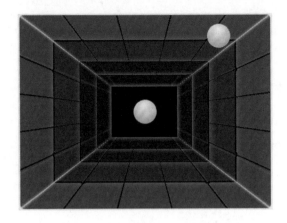

图 2-57　小球自由运动的结果

总结与练习

【本章小结】

　　本章详细讲解了运动模块的所有指令，还学习了坐标的相关知识和角色的中心点，以及通过改变角色的中心点让小球转圆圈。改变角色的位置的指令有很多，改变角色的坐标与角色的方向没有关系，而在使用移动指令控制角色运动时，需要注意角色的方向，因为移动是有方向的。本章需要重点理解的就是旋转方式指令。

【巩固练习】

一、选择题

1. 如图 2-58 所示，程序执行后，角色的位置坐标为（　　）。

图 2-58　程序 1

　　A.（100,100）　　　　B.（-100,0）　　　　C.（0,100）　　　　D.（-90,100）

2. 如图 2-59 所示，程序执行后，角色的方向为面向（　　）度。

图 2-59　程序 2

A. 144　　　　　　　　B. -144　　　　　　　　C. 69　　　　　　　　D. -75

3. 如图 2-60 所示为小猫翻转的程序，程序执行后，舞台上小猫的正确方向是（　　　）。

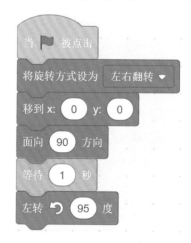

图 2-60　程序 3

A.

B.

C.

D.

二、判断题

1. 小猫在舞台的中心位置，如果一直往右移动，最终小猫会完全消失在舞台上。（　　　）

2. 移动指令与角色的方向有关。（　　　）

第 3 章

外观指令
——看我 72 变

📖 **本章导读**

　　看过电视剧《西游记》的小朋友都知道孙悟空有"72 变"的本领，他可以一会儿变成动物，一会儿变成物体，他的金箍棒可以一会儿变大一会儿变小。通过使用 Scratch 的外观指令也可以让角色"72 变"。

扫一扫，看视频

3.1 外观指令与功能说明

在 Scratch 中，与外观相关的指令包括说话指令、思考指令、切换造型指令、切换背景指令、改变角色大小指令、显示与隐藏角色指令等。外观指令积木与功能说明见表 3–1。

表 3–1　外观指令积木与功能说明

序　号	积　　　木	功能说明
1	说 你好！ 2 秒　　说 你好！	说话指令
2	思考 嗯…… 2 秒　　思考 嗯……	思考指令
3	换成 造型1 ▼ 造型　　下一个造型	切换造型指令
4	换成 背景1 ▼ 背景　　下一个背景	切换背景指令
5	将大小增加 10　　将大小设为 100	改变角色大小指令
6	将 颜色 ▼ 特效增加 25　　将 颜色 ▼ 特效设定为 0　　清除图形特效	设置与清除特效指令
7	显示　　隐藏	显示与隐藏角色指令
8	移到最 前面 ▼　　前移 ▼ 1 层	显示层次设置
9	造型 编号 ▼　　背景 编号 ▼　　大小	获取造型和背景编号及角色大小

3.2 说话与思考

在 Scratch 中，执行说话指令和思考指令时都会在舞台区的角色旁边出现一个对话框，对话框中的内容就是角色说的或思考的内容。说话与思考的不同之处是对话框的形状不同，如图 3–1 所示，左边为思考对话框，右边为说话对话框。

图 3-1　思考与对话对话框

3.2.1　说话与思考不等待

说话与思考不等待是指执行完该指令后立即执行下一个指令。不等待指令如图 3-2 所示。

图 3-2　不等待指令

接下来通过三段示例程序来深入理解说话不等待指令的含义。

【示例 3-1】

示例程序如图 3-3 所示，开始时小猫位于舞台的中心位置，方向向右。1 秒后执行说"你好！"指令，然后执行移动 100 步指令。

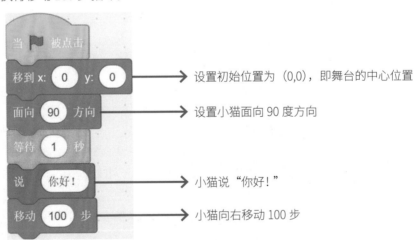

图 3-3　示例 3-1 的程序

程序编写完成后，点击绿旗执行该程序，小猫说"你好！"和往右移动几乎是同时发生的。程序执行完毕，小猫还一直在说"你好！"。

【示例 3-2 】

下面再编写一段程序并观察程序的运行情况。示例程序如图 3-4 所示，开始时小猫位于舞台的中心位置，方向向右。1 秒后，执行说"你好！"指令，紧接着执行说"hello"指令。

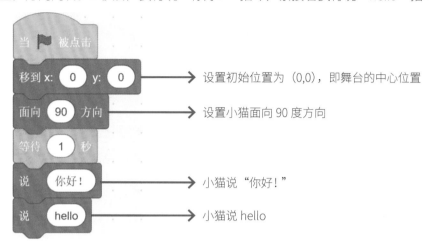

图 3-4　示例 3-2 的程序

程序编写完成后，点击绿旗执行该程序，在执行过程中，并没有看到小猫说"你好！"，只看到小猫一直在说"hello"，这是为什么呢？是不是说"你好！"指令没有执行呢？当然不是，只是这个指令执行得非常快速，眼睛看不到而已。

【示例 3-3 】

为了看到小猫说"你好！"，编写如图 3-5 所示的程序。开始时小猫位于舞台的中心位置，方向向右。1 秒后，执行说"你好！"指令，再过 1 秒，执行说"hello"指令。

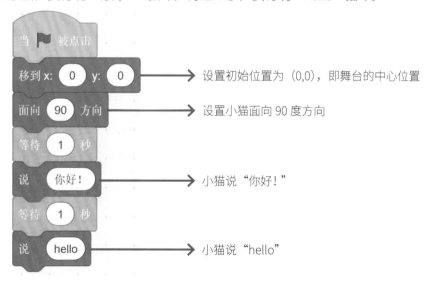

图 3-5　示例 3-3 的程序

程序编写完成后，点击绿旗执行该程序，可以明显看到小猫先说了"你好！"，然后说"hello"，如图3-6所示。

图3-6 示例3-3的程序执行结果

在以上三个执行说话指令的示例程序中，如果后续没有再执行说话或者思考指令，直到程序结束，说话对话框会一直保持。如果执行说话指令后，后面紧跟着其他的说话或者思考指令，第一次说话的内容很快会被更新，甚至感觉第一次的说话指令没有执行，这就是不等待指令的效果。思考不等待指令与说话不等待指令的执行过程一致，不再单独举例。

3.2.2 说话与思考有等待

说话与思考有等待指令如图3-7所示，在内容框的后面有等待时间，该时间就是对话框的显示时间，显示时间到了以后，该对话框就会消失。

图3-7 有等待指令

【示例3-4】

程序如图3-8所示，开始时小猫位于舞台的中心位置，方向向右，然后执行说"你好！"2秒，最后执行2秒思考嗯……指令。

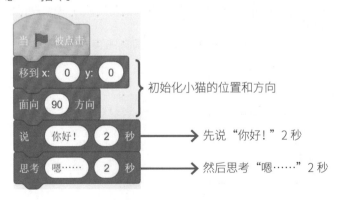

图3-8 示例3-4的程序

程序编写完成后,点击绿旗执行该程序。可以看到小猫先说了"你好!"2秒,然后思考"嗯……"2秒,最后对话框消失,如图 3-9 所示。

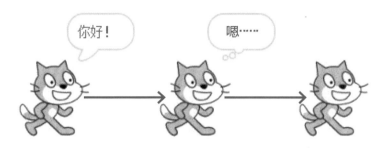

图 3-9　示例 3-4 的程序执行结果

实例 3-1:小猫背古诗

"鹅,鹅,鹅"出自初唐诗人骆宾王于七岁时写的一首五言古诗《咏鹅》,如图 3-10 所示。《咏鹅》是一首咏物诗,这首千古流传的诗歌,以清新欢快的语言,抓住鹅的突出特征来描写,写得自然、真切、传神。

图 3-10　《咏鹅》

【实例说明】

编写一段 Scratch 程序,使用说话指令让小猫背诵这首诗,并且边移动边背诵。

【实现方法】

可以考虑用两段并行的程序完成该功能,第一段程序控制小猫背诵古诗,如图 3-11 所示;第二段程序控制小猫移动,如图 3-12 所示。

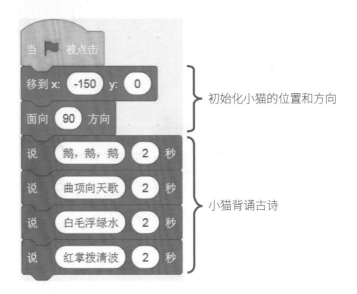

图 3-11　小猫背诵古诗的程序

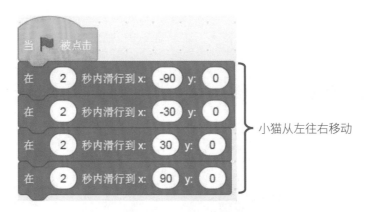

图 3-12　小猫移动的程序

【程序执行结果】

编写完成上面的程序后，点击绿旗执行程序。程序执行结果如图 3-13 所示，可以看到小猫慢慢地从左往右移动，并且边移动边背诵古诗，背诵完成以后，对话框消失。

图 3-13　小猫边移动边背诵古诗

3.3　切换造型与背景

在 Scratch 中，常常需要切换角色的造型，以实现动画效果。可以通过变换背景来实现场景切换。

3.3.1　切换造型

在 Scratch 中切换造型的指令有两个，如图 3-14 所示。左边为切换到下一个造型指令，但并不知道下一个造型是什么，只是按造型列表从上往下的顺序切换；右边的指令可以切换成指定的造型。

图 3-14　切换造型指令

角色的造型列表如图 3-15 所示，左边红色框中是气球角色的三个造型。例如，当前造型是蓝色气球，当执行下一个造型指令时，角色被切换为黄色气球，再次执行下一个造型指令，角色被切换为紫色气球，再次执行下一个造型指令，角色又被切换为蓝色气球，如此循环。

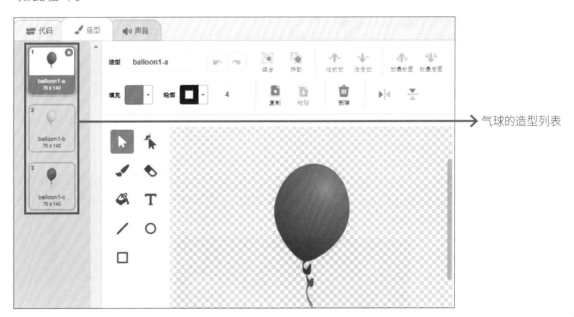

图 3-15　角色的造型列表

图 3-14 中右边为切换成指定的造型指令，可以根据实际需要选择指定的造型，气球有三个造型，分别为绿色、黄色和紫色，对应的造型名称分别为 balloon1-a、balloon1-b 和 balloon1-c，如图 3-16 所示。

图 3-16　选择指定造型

造型名称是可以更改的，在角色的造型列表中选择要更改名称的造型，然后在"造型"文本框中输入新名字，最后点击空白处，即可完成造型名称的更改，如图 3-17 所示。

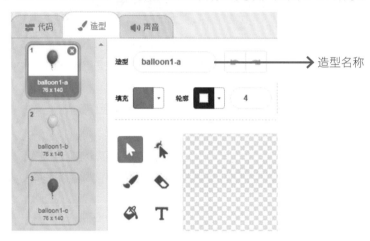

图 3-17　更改造型名称

实例 3-2：飞向太空

北京时间 2021 年 6 月 17 日 9 时 22 分，神舟十二号载人飞船在酒泉卫星发射中心成功发射，我国三位航天员首次进入我国的空间站，标志着我国的航天事业发展到一个新的高度。图 3-18 为我国的空间站建成后的效果图。

图 3-18　我国的空间站建成后的效果图

【实例说明】

编写一段 Scratch 程序，选择合适的角色和背景模拟火箭的发射过程。

【实现方法】

火箭的角色选择 rocketship，背景选择 Desert。实例 3-2 的程序如图 3-19 所示。

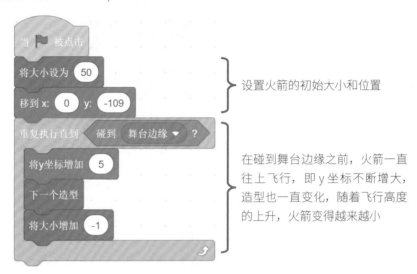

图 3-19　实例 3-2 的程序

【程序执行结果】

程序编写完成后，点击绿旗执行程序。如图 3-20 所示，火箭渐渐地往上飞行，并且火箭尾部喷出火焰，越飞越高，最终从屏幕上消失。

图 3-20　实例 3-2 的程序执行结果

3.3.2 切换背景

在 Scratch 中，切换背景与切换造型一样，切换背景的指令也有两个，如图 3-21 所示，左边的指令为切换到下一个背景，右边的指令为切换成指定背景。

图 3-21 切换背景指令

【示例 3-5】

将"实例 3-2：飞向太空"的程序稍作修改，改成火箭飞行一段时间后出现在浩瀚的星空中。在该程序的基础上，导入背景 Galaxy，示例程序如图 3-22 所示。

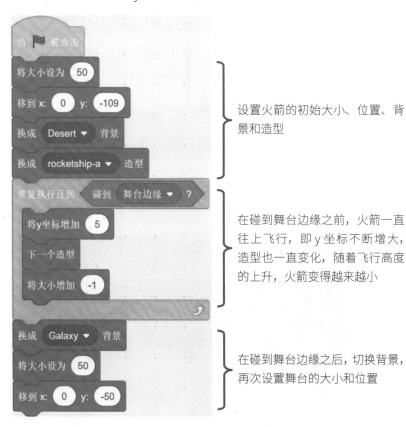

图 3-22 示例 3-5 的程序

程序编写完成后，点击绿旗执行程序，火箭在沙漠中点火起飞，如图 3-23 所示。

图 3-23　示例 3-5 的程序执行结果 1

火箭在飞行一段时间后，进入太空，如图 3-24 所示。

图 3-24　示例 3-5 的程序执行结果 2

3.3.3　获取造型编号与背景编号

在 Scratch 中，除了可以切换造型和背景，还可以获取当前角色的造型编号和背景编号，相应指令如图 3-25 所示。

图 3-25　获取造型编号和背景编号的指令

实例 3-3：电子相册

相册又称影集或照片集，主要用来收藏和保护照片。制作相册的材料有多种，通常相册由纸壳和 PVC 插袋制作而成，相册的封面通常为精美的图样设计，如山水风景、印花、卡通图像等，如图 3-26 所示。

图 3-26　相册的封面

【实例说明】

与传统相册不同，电子相册能够让照片在电子设备上显示，并自动切换。本例使用 Scratch 编程制作一个电子相册，可以选择每隔几秒切换一次照片。

【实现方法】

在电子相册的程序中，除了小猫角色外，再添加几张自己喜欢的背景图片。

第 1 步： 添加 4 张背景图片，如图 3-27 所示。

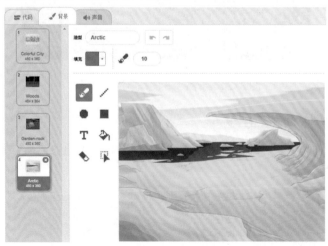

图 3-27　添加背景图片

第 2 步: 给小猫编写程序,因为小猫不需要显示在舞台上,所以选择把小猫隐藏起来,程序如图 3-28 所示。

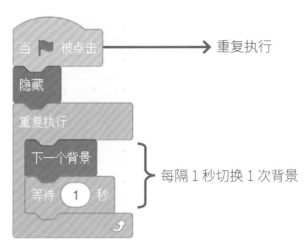

图 3-28　制作电子相册的程序

程序编写完成后,点击绿旗执行程序,一个漂亮的电子相册就完成了。

3.4　改变角色大小

在编写前面的示例程序时,会发现有的角色太大。有没有办法把角色变小呢? 当然是有的,本节学习改变角色大小的两个指令。

3.4.1　设置为固定大小

设置角色大小的指令如图 3-29 所示,可以在椭圆框中填写角色大小。在 Scratch 中,角色大小的范围在 0 到 535 之间,角色大小与数值成正比关系。100 是角色的原始大小,即设置为 100 时,没有改变角色大小。

图 3-29　设置角色大小的指令

【示例 3-6】

使用设置角色大小的指令改变角色大小,示例程序如图 3-30 所示。

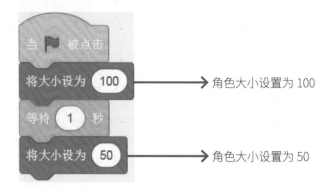

图 3-30　改变角色大小

程序编写完成后，点击绿旗执行程序，开始时小猫大小为 100，过了 1 秒，小猫大小变为 50，如图 3-31 所示。

图 3-31　小猫大小的变化

3.4.2　在原有大小的基础上进行改变

改变角色大小的指令还有一个，如图 3-32 所示，该指令是在角色原有大小的基础上进行改变，填写正数时，角色增大；填写负数时，角色变小。

图 3-32　改变角色大小的指令

3.4.3　获取角色大小

除了可以设置角色大小，还可以获取当前角色的大小，该指令如图 3-33 所示。

图 3-33　获取角色大小的指令

实例 3-4：哈利·波特的魔法棒

在"哈利·波特"系列电影中，电影围绕哈利·波特与伏地魔的斗争展开，为观众展现了一个瑰丽的魔法世界，如图 3-34 所示为哈利波特的卡通图。

图 3-34　哈利·波特

【实例说明】

在电影中，男主角哈利·波特有一支非常神奇的魔法棒（见图 3-35）。下面使用 Scratch 编程，赋予魔法棒神奇的魔法。

图 3-35　魔法棒

【实现方法】

本实例程序包括三个角色：魔法棒、巫师、恐龙，巫师通过魔法棒可以将恐龙变大或变小。

第 1 步：添加三个角色，添加角色后的角色列表如图 3-36 所示。

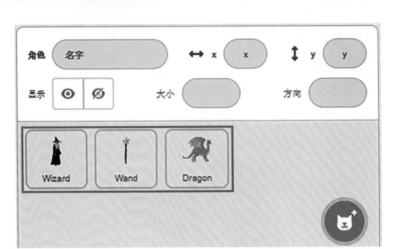

图 3-36　角色列表

第 2 步：给巫师编写程序，拖动巫师到舞台左边，将此处设为巫师的初始位置，巫师不断地发出"变小"和"变大"指令。巫师的程序如图 3-37 所示。

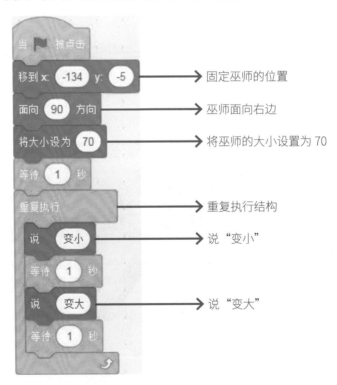

图 3-37　巫师的程序

第 3 步：给魔法棒编写程序，设置魔法棒面向的方向为 180 度，把魔法棒拖动到巫师的手中。

魔法棒的程序非常简单，只需设置魔法棒的方向和位置即可，如图 3-38 所示。

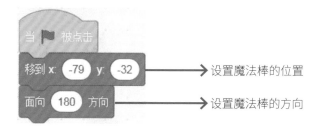

图 3-38　魔法棒的程序

第 4 步：给恐龙编写程序，恐龙面向巫师。巫师发出变小指令后，恐龙就变小；巫师发出变大指令后，恐龙就变大，如图 3-39 所示。

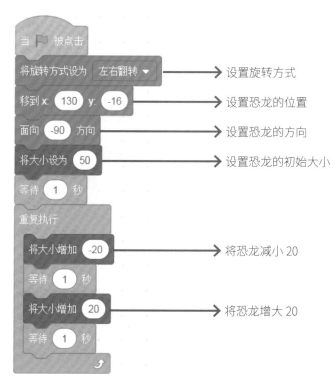

图 3-39　恐龙的程序

【**程序执行结果**】

编写完三个角色的程序后，点击绿旗执行程序，开始时如图 3-40 所示，巫师还没有发出指令。巫师发出变小指令后，恐龙变小了，如图 3-41 所示。巫师发出变大指令后，恐龙变大了，如图 3-42 所示。

图 3-40　程序开始时

图 3-41　巫师发出变小指令

图 3-42　巫师发出变大指令

3.5 特效

　　角色的变化不仅包括大小变化，还有更多神奇的特效，如颜色、鱼眼、旋涡、像素化、马赛克、亮度、虚像等。重点介绍颜色、亮度和虚像特效。特效指令如图 3-43 所示，如果想要清除特效，可以通过图 3-44 所示的指令完成。

| 将　颜色 ▼　特效增加　25 |　将　颜色 ▼　特效设定为　100 |　清除图形特效 |

图 3-43　特效指令　　　　　　　　　　　　　　　　　　图 3-44　清除特效指令

3.5.1　颜色

颜色特效可以改变角色的颜色，设置颜色特效为 0 时，角色的颜色没有变化。

3.5.2　亮度

亮度特效可以改变角色的亮度效果，设置亮度特效为 0 时，角色的亮度没有变化，亮度值越大，角色越亮，亮度达到 100 时，角色为白色，在非白色的背景下才能看到角色。

【示例 3-7】

改变小猫的亮度，当亮度为 10、50 和 100 时，观察小猫的外观变化，示例程序如图 3-45 所示。

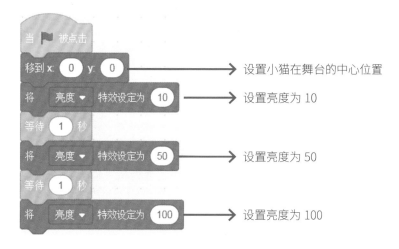

图 3-45　示例 3-7 的程序

程序编写完成后，点击绿旗执行程序，可以看到小猫亮度的变化。随着亮度的增加，小猫最后变为一只全身都是白色的"白猫"，如图 3-46 所示。

图 3-46　小猫亮度的变化

3.5.3　虚像

虚像与亮度的效果类似，但不完全相同，当虚像为 0 时，角色没有任何变化，随着数值的增加，角色变得越来越淡，当达到 100 时，几乎看不到角色了。

【示例 3-8】

改变小猫的虚像，观察亮度为 10、60 和 90 时小猫的外观变化，示例程序如图 3-47 所示。

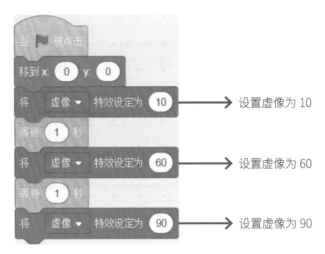

图 3-47　示例 3-8 的程序

执行程序后，可以看到随着虚像的数值的增加，小猫变得越来越不清楚，当虚像的数值超过 100 时，小猫变得"透明"，如图 3-48 所示。

图 3-48　小猫虚像的变化

实例 3-5：黑影迷踪

【实例说明】

在游戏中，经常看到角色快速移动时产生的黑影的效果。这个黑影的效果是怎么实现的呢？在此可以通过虚像特效来实现，如图 3-49 所示。

图 3-49 小猫移动的黑影的效果

【实现方法】

本实例中黑影迷踪的程序比较长，这里将该程序分为三段，如图 3-50 ～图 3-52 所示。

（图 3-50 程序块内容）

当 ▶ 被点击

移到 x: 0 y: 0

将旋转方式设为 左右翻转 ▾

面向 90 方向

将 虚像 ▾ 特效设定为 0 ——→ 虚像特效初始化为 0

图 3-50 小猫的初始化程序

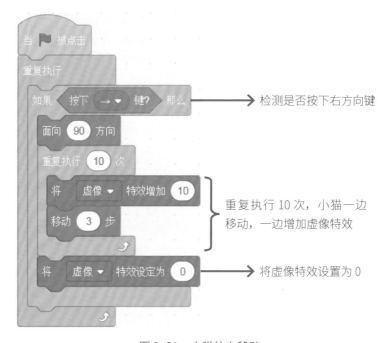

当 ▶ 被点击

重复执行

如果 按下 → ▾ 键? 那么 ——→ 检测是否按下右方向键

面向 90 方向

重复执行 10 次

将 虚像 ▾ 特效增加 10

移动 3 步

} 重复执行 10 次，小猫一边
移动，一边增加虚像特效

将 虚像 ▾ 特效设定为 0 ——→ 将虚像特效设置为 0

图 3-51 小猫往右移动

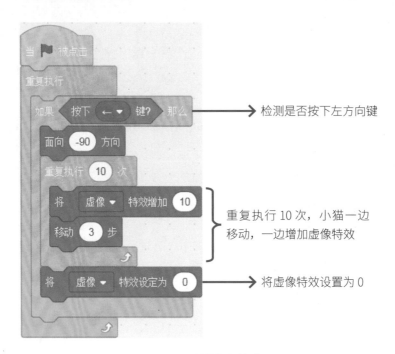

图 3-52 小猫往左移动

检测是否按下左方向键

重复执行 10 次，小猫一边
移动，一边增加虚像特效

将虚像特效设置为 0

【程序执行结果】

程序编写完成后，点击绿旗执行程序，通过左、右方向键控制小猫的移动，小猫每次移动时都可以看见黑影的效果。在以后开发的游戏中加入黑影的效果，会让游戏更加炫酷。

3.6 显示与隐藏

显示与隐藏指令在 Scratch 中比较常用，角色被隐藏后，就变成"透明人"，再也看不到了。

3.6.1 显示与隐藏指令

显示与隐藏指令如图 3-53 所示。如果想要显示被隐藏的角色，使用显示指令即可。

图 3-53 显示与隐藏指令

3.6.2 设置角色的显示与隐藏

除了在编程中使用显示和隐藏这两个指令，还可以直接在舞台下方设置角色的显示与隐藏。如图 3-54 所示，点击左边的眼睛按钮时显示角色，点击右边的眼睛按钮时隐藏角色。

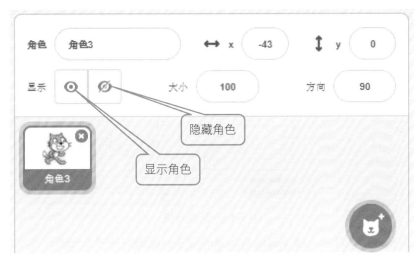

图 3-54　设置角色的显示与隐藏

实例 3-6：打地鼠

打地鼠是一个非常有趣的游戏，想必大家都玩过。在游戏中，地鼠随机出现在某个洞口，如果玩家打中了地鼠，就得分。打地鼠游戏界面如图 3-55 所示。

图 3-55　打地鼠游戏界面

【实例说明】

编写一段 Scratch 程序，实现打地鼠游戏的功能。

【实现方法】

第 1 步：编写打地鼠游戏的程序前，需要添加两个角色，即地鼠和地图。Scratch 的角色库中没有地鼠，在此选择添加 cat2，把它当作地鼠；可以自己绘制方格，如图 3-56 所示，把这 4 个方格当作地鼠的洞口。

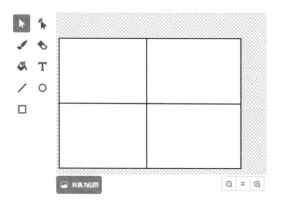

图 3-56　绘制方格

第2步：角色添加完成后，接下来编写地鼠的程序。地鼠的程序比较长，在此分成两段。第一段程序如图 3-57 所示，该程序控制地鼠随机出现在 4 个洞口中的任意一个。

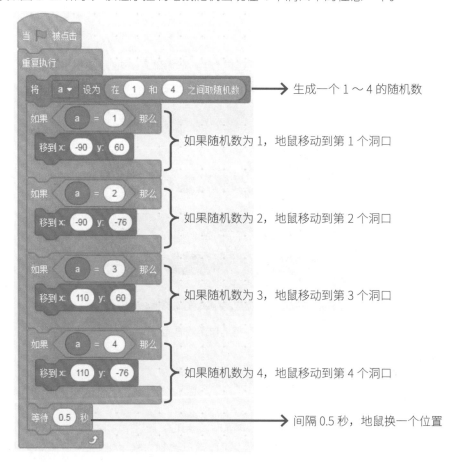

图 3-57　地鼠的第一段程序

第 3 步：第二段程序如图 3-58 所示，该程序判断鼠标是否点击到地鼠，如果鼠标点击到地鼠，地鼠就说"哎呀"。

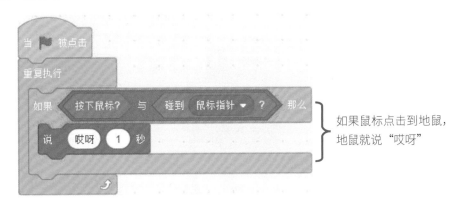

图 3-58　地鼠的第二段程序

【程序执行结果】

程序编写完成后，点击绿旗执行程序，可以看到地鼠随机出现在 4 个方格中，当鼠标点击到地鼠时，地鼠说"哎呀"，如图 3-59 所示。

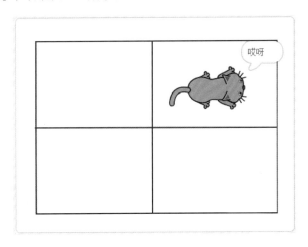

图 3-59　实例 3-6 的程序执行结果

总结与练习

【本章小结】

本章系统地学习了外观模块下的指令，包括角色的隐藏与显示、改变角色大小、切换角色的造型、切换背景及特效和层次。在以后章节的学习中，会经常使用这些指令。

【巩固练习】

一、选择题

1. 如图 3-60 所示，程序执行后，小猫的大小是（　　）。

图 3-60　程序 1

　　A. 100　　　　　　　　B. 60　　　　　　　　C. 80　　　　　　　　D. 50

2. 如图 3-61 所示，程序执行后，小猫的颜色和亮度分别是（　　）。

图 3-61　程序 2

　　A. 25、50　　　　　　B. 不确定、50　　　　C. 50、75　　　　　　D. 50、25

二、判断题

1. 将角色的亮度特效设置为 100 时，不管在什么背景下都看不到角色。（　　）

2. 将角色的虚像特效设置为 100 时，不管在什么背景下都看不到角色。（　　）

第 4 章

声音指令
——让角色"发出声音"

📖 **本章导读**

　　在 Scratch 中，通过改变角色的外观可以实现一些有趣的动画效果。如果能让动画中的角色"发出声音"，将会使动画效果更加形象生动。本章就来学习如何让角色"发出声音"。

扫一扫，看视频

4.1 声音指令与功能说明

在 Scratch 中，声音指令积木与功能说明见表 4-1。

表 4-1　声音指令积木与功能说明

序　号	积　　木	功能说明
1	播放声音 喵▼ 等待播完 播放声音 喵▼ 停止所有声音	播放声音指令： ● 播放声音并等待播放完毕 ● 播放声音不等待播放完毕 ● 停止播放的所有声音
2	将 音调▼ 音效增加 10 将 音调▼ 音效设为 100 清除音效	音效指令： ● 增加音调指令 ● 设置音调指令 ● 清除音调指令
3	将音量增加 -10 将音量设为 100 % 音量	设置音量指令： ● 增加音量指令 ● 设置音量指令 ● 获取音量指令

4.2 添加声音

第 1 章中讲过，声音是角色的属性之一。在 Scratch 中，系统自带了很多声音。如果没有合适的声音，可以从网上下载声音到本地计算机，然后导入 Scratch 中。

4.2.1　添加系统自带的声音

如图 4-1 所示，添加系统自带的声音的方法如下。

第 1 步：选中角色，点击左上角菜单栏中的"声音"选项卡。

第 2 步: 将鼠标移动到左下角"喇叭"形状的按钮上。

第 3 步: 选择"喇叭"菜单栏中的"选择一个声音"选项,进入系统的声音选择界面,如图 4-2 所示。

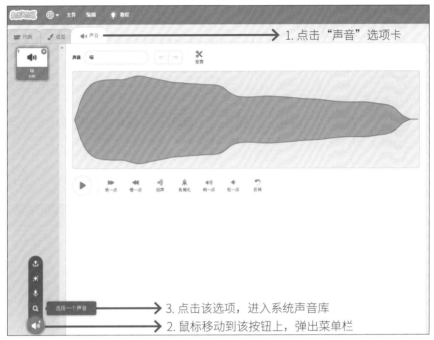

图 4-1　导入系统声音的步骤

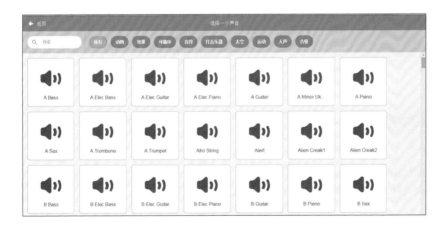

图 4-2　系统声音选择界面

在图 4-2 中,将鼠标移动到任意一个"喇叭"图标上,即可听到对应的声音。找到自己喜欢的声音,点击其声音图标以选择声音,如图 4-3 所示,便可将该声音添加到如图 4-4 所示的声音列表中。

图 4-3　选择声音

图 4-4　声音列表

4.2.2　上传本地声音

如果想在 Scratch 中播放一首自己喜欢的歌，但 Scratch 系统的声音库中并没有这首歌，可以选择将这首歌从本地上传到声音列表中。

上传本地声音的步骤如下。

第 1 步： 首先选中角色，点击左上角菜单栏中的"声音"选项卡，然后将鼠标移动到左下角的"喇叭"按钮上，点击"喇叭"菜单中的"上传声音"选项，如图 4-5 所示，进入本地文件夹。

第 2 步： 首先选择音乐文件的存放路径，然后点击想要添加的声音，选择《当你老了》这首歌，最后点击右下角的"打开"按钮，即可完成本地音乐的导入，如图 4-6 所示。

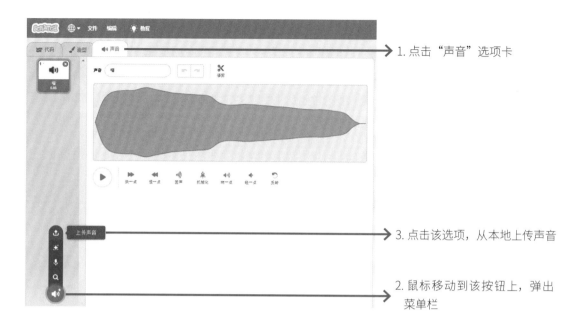

图 4-5　上传本地音乐的步骤

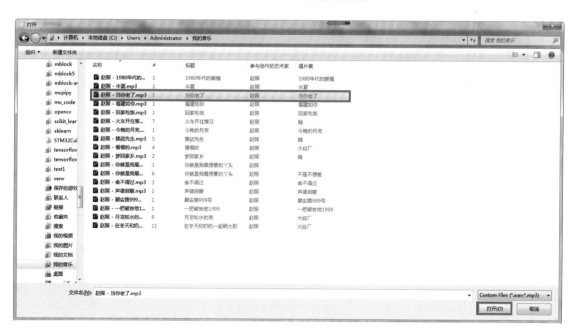

图 4-6　选择本地音乐

第 3 步：《当你老了》这首歌被成功添加到声音列表中，如图 4-7 所示。

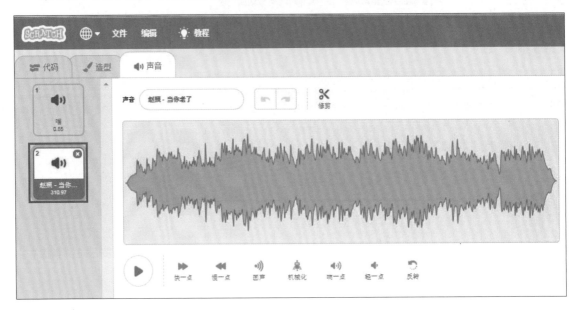

图 4-7　成功导入本地音乐

 播放声音

有了喜欢的声音以后，怎么播放该声音呢？在 Scratch 中，有三个声音播放指令，如图 4-8 所示。

图 4-8　声音播放指令

4.3.1　播放声音指令

如图 4-8 所示，前两个是播放声音指令，第三个是停止播放声音指令。停止播放声音指令很好理解，就是停止所有角色正在播放的声音。需要特别注意的是前两个指令及它们的区别，下面举例说明。

【示例 4-1】

使用第一个播放声音指令编写一段程序，示例程序如图 4-9 所示。

程序编写完成后，点击绿旗执行程序。如图 4-10 所示，小猫从左往右移动，音乐一直在播放，并且该音乐只播放一遍。

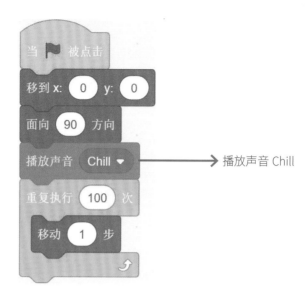

播放声音 Chill

图 4-9　示例 4-1 的播放声音的程序

图 4-10　小猫伴随着音乐移动到舞台的右边

4.3.2　播放声音并等待指令

与第一个播放声音指令不同，第二个播放声音指令会等待声音播放完毕再执行下面的程序。

【示例 4-2】

还是以小猫边运动边播放音乐为例，把示例 4-1 中的播放声音指令换成播放声音等待播完指令，示例程序如图 4-11 所示。

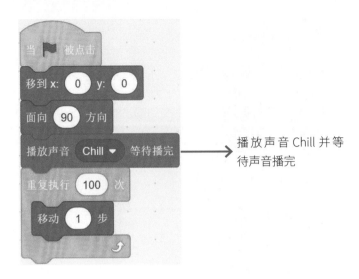

图 4-11　示例 4-2 的播放声音的程序

程序编写完成后，点击绿旗执行程序。如图 4-12 所示，开始时小猫不动，直到音乐播放完毕，小猫才从左往右移动。

图 4-12　小猫在舞台的中心位置等待音乐播完

实例 4-1：设置背景音乐

为 Scratch 项目添加适当的背景音乐，可以让项目的效果更加丰富完整，同时能更好地营造气氛，如图 4-13 所示。

图4-13 为项目添加背景音乐

【实例说明】

在 Scratch 的声音库中选择"可循环"选项中的一段声音作为背景音乐,如图4-14所示,并编程播放该音乐。

图4-14 声音库的"可循环"选项

【实现方法】

不管是在动画中,还是在游戏中,背景音乐都会一直播放。为程序添加背景音乐的步骤如下。

第1步: 在声音库中选择"可循环"选项,在此选择声音 Cave 作为背景音乐,或者从本地导入自己喜欢的声音。可以在声音列表中看到 Cave 声音文件,如图4-15所示。

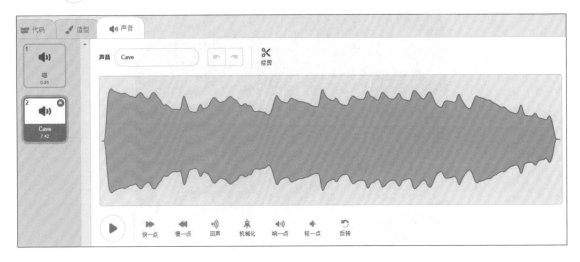

图 4-15　声音 Cave 导入成功

第 2 步：成功导入背景声音后，就可以编写播放背景音乐的程序。如图 4-16 所示，程序非常简单，当程序执行时，一直重复播放声音 Cave。

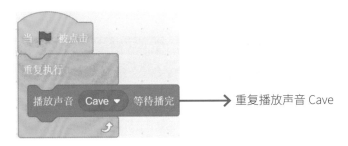

重复播放声音 Cave

图 4-16　播放背景音乐的程序

【程序执行结果】

程序编写完成后，点击绿旗执行程序。可以听见播放背景音乐，播放完毕后继续从头播放，如果不关闭程序，会一直播放背景音乐。

4.4 设置音效

在 Scratch 中，除了可以播放声音外，还可以设置音效。设置音效包括调节音调和左右平衡。调节音调指令有两个：增加音效和设置音效，如图 4-17 所示。

图 4-17　调节音调指令

4.4.1 调节音调

声音频率的高低叫作音调，是声音的三个主要属性（即音量（响度）、音调、音色）之一，表示人依靠听觉分辨声音的调子的高低程度。音调主要由声音的频率决定，同时与声音的强度有关。

4.4.2 调节左右平衡

左右平衡主要是指左右声道的音量平衡。有时候，耳机或扬声器不会平衡地输出声音，特别是耳机，声音在一只耳朵里大，而在另一只耳朵里小。这可以在软件中进行纠正，通过调节左右平衡即可实现。

4.4.3 清除音效

设置音效后，如果觉得效果不好，也可以清除，只需使用如图 4-18 所示的清除音效指令即可。

图 4-18　清除音效指令

 ## 设置音量

设置音量很好理解，就是改变声音的大小。Scratch 提供了两个与音量相关的指令：一个指令用于设置音量大小；另一个指令用于改变音量大小。

4.5.1 设置音量大小

Scratch 中音量大小的范围是 0% 到 100%，调用设置音量指令时，可以直接把音量设置为某个数值，如图 4-19 所示。

图 4-19　设置音量大小指令

4.5.2 改变音量大小

改变音量的大小可以通过将音量增加指令来实现，如图 4-20 所示，填写正数时，音量变大；填写负数时，音量变小。

图 4-20　改变音量大小指令

4.5.3　获取音量大小

除了可以设置和改变音量大小，还可以获取音量大小。获取音量大小指令如图 4-21 所示。多次改变音量大小，不知道现在的音量是多少时，可以通过该指令获取音量大小。

图 4-21　获取音量大小指令

实例 4-2：快乐舞会

春节联欢晚会是中央电视台在每年除夕之夜为了庆祝新年而举办的综合性文艺晚会，晚会节目丰富多样，有唱歌、跳舞、魔术、相声、小品等，如图 4-22 所示。

图 4-22　春节联欢晚会

【实例说明】

使用 Scratch 编程，创作一段跳舞的动画，三个小女孩在舞台上整齐地跳舞来庆祝春节，如图 4-23 所示。

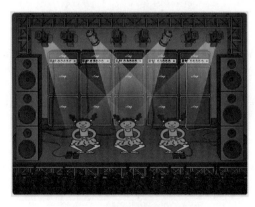

图 4-23　"快乐舞会"界面

【实现方法】

第 1 步: 导入 Concert 背景和三个 Ballerina 角色。在 Scratch 中,也可以给背景编写程序,播放背景音乐。角色与背景列表如图 4-24 所示。

图 4-24   角色与背景列表

第 2 步: 给背景编程,导入一段可循环播放的背景音乐 Dance Funky,这段程序只负责播放背景音乐,如图 4-25 所示。

图 4-25   背景的程序

第 3 步: 给角色编程,合理安排三个角色的位置。三个角色除了位置不同,跳舞的动作是一样的。中间角色的程序如图 4-26 所示,左右两边的角色的程序只需修改 x 坐标即可。

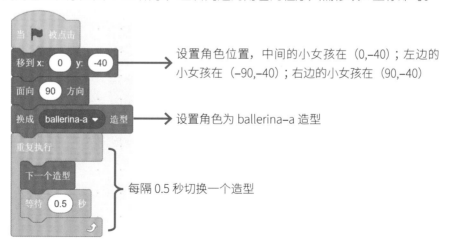

图 4-26   小女孩跳舞的程序

【程序执行结果】

程序编写完成后，点击绿旗执行程序。可以看到三个小女孩在舞台上整齐地跳舞，同时可以听到美妙的音乐，如图 4-27 所示。

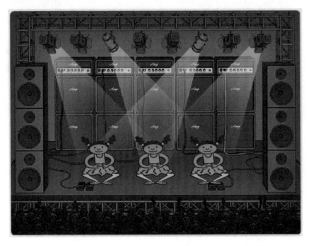

图 4-27　实例 4-2 的程序执行结果

总结与练习

【本章小结】

本章详细地学习了声音模块下的指令，还重点学习了导入声音库中的声音和本地声音的方法。

【巩固练习】

一、选择题

1. 如图 4-28 所示的两段程序，哪段程序能正常播放背景音乐 Cave？（　　　）

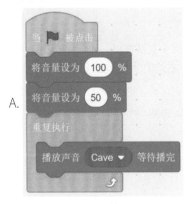

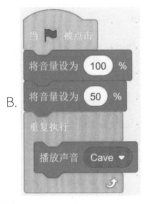

图 4-28　程序 1

2. 如图 4-29 所示的程序，点击绿旗后，声音 Cave 播放 0.5 秒后停止。（　　）

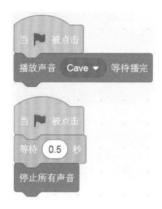

图 4-29　程序 2

　　A. 正确　　　　　　　　　　　　　　　　B. 错误

二、判断题

1. 在 Scratch 编程中，不能导入外部音乐。（　　）

2. 调节左右平衡音效就是调节左右声道的音量大小。（　　）

第 5 章

控制指令
——程序结构与克隆

📖 **本章导读**

　　在第 1 章中介绍了 Scratch 中的程序结构分为顺序结构、分支结构和循环结构。顺序结构非常简单，不再详细讲解。本章重点学习分支结构与循环结构，以及这些结构的嵌套。

扫一扫，看视频

5.1 控制指令与功能说明

在 Scratch 中，控制指令积木与功能说明见表 5–1。

表 5–1　控制指令积木与功能说明

序　号	积　木	功能说明
1	如果　那么	判断指令： 如果……那么……
2	如果　那么 否则	判断指令： 如果……那么……否则……
3	重复执行 10 次 重复执行	循环指令： ● 有限循环 ● 无限循环
4	等待 1 秒 等待	等待指令： ● 等待一定时间 ● 等待条件满足，条件不满足时，一直等待，条件满足时，执行下面的指令
5	重复执行直到	循环指令： 循环执行直到条件满足，条件不满足时，执行循环内部的指令，条件满足时，退出循环
6	停止 全部脚本 ▼	停止脚本指令

续表

序 号	积 木	功能说明
7	当作为克隆体启动时 克隆 自己 ▾ 删除此克隆体	克隆相关指令： ● 当克隆体启动时，触发指令，克隆体的程序放在下面 ● 克隆指令，该指令放在本体的程序中 ● 删除克隆体指令，该指令放在克隆体程序中

5.2 分支结构

分支结构分为二分支结构和多分支结构。二分支结构就像走到一个如图 5-1 所示的岔路口，要么往左边走，要么往右边走。同理，多分支结构中有多条路可以选择，不止是向左或者向右，还有其他路线。

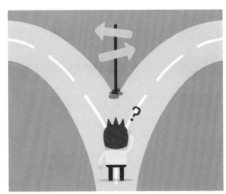

图 5-1　类似岔路口的二分支结构

5.2.1　如果……那么……

要实现程序的分支功能，可以使用如图 5-2 所示的分支指令。除了如果……那么……指令外，还需要有条件，当条件满足时，就会执行程序。

图 5-2　分支指令

【示例 5-1】

小猫从左往右运动，如果小猫的 x 坐标大于 230，小猫就后退到舞台的中心位置。示例程序如图 5-3 所示。

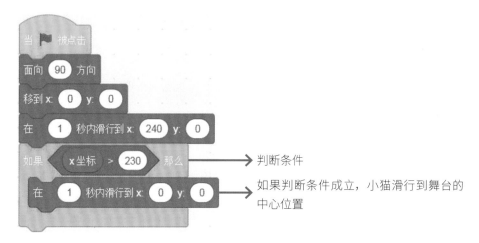

判断条件

如果判断条件成立，小猫滑行到舞台的中心位置

图 5-3　示例 5-1 的程序

点击绿旗执行程序，小猫从舞台的中心位置一直往右运动，碰到舞台边缘后，小猫又后退到舞台的中心位置，如图 5-4 所示。

图 5-4　示例 5-1 的小猫的运动过程

这是因为小猫从舞台的中心位置向右运动时，一直运动到（240,0）的位置，这时 x 坐标为 240，在接下来的判断语句中，x 坐标大于 230 是成立的，所以判断语句中的小猫"在 1 秒内滑行到舞台的中心位置"的指令会被执行。

【示例 5-2】

把示例 5-1 的程序稍微修改一下，如图 5-5 所示，小猫是否还会滑行到舞台的中心位置呢？

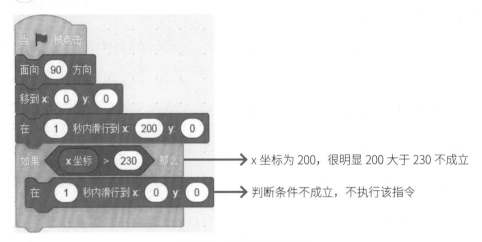

x 坐标为 200，很明显 200 大于 230 不成立

判断条件不成立，不执行该指令

图 5-5　示例 5-2 的程序

　　点击绿旗执行程序，小猫从舞台的中心位置一直往右运动，然后停留在舞台的右边位置，并没有后退到舞台的中心位置，如图 5-6 所示。这是因为小猫从舞台的中心位置往右运动后的位置为（200,0），x 坐标为 200，判断语句中 x 坐标大于 230 的条件不成立，所以不会执行"在 1 秒内滑行到舞台的中心位置"的指令，小猫就不会回到舞台的中心位置。

图 5-6　示例 5-2 的小猫的运动过程

5.2.2　如果……那么……否则……

　　除了如果……那么……指令可以实现判断功能外，如果……那么……否则……指令也可以实现判断功能，二分支指令如图 5-7 所示。这是一个可以实现二分支功能的判断指令，即要么执行"如果"里面的指令，要么执行"否则"里面的指令。

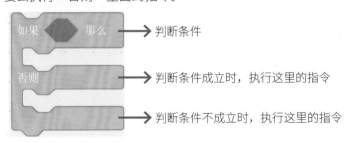

判断条件

判断条件成立时，执行这里的指令

判断条件不成立时，执行这里的指令

图 5-7　二分支指令

【示例 5-3】

示例程序如图 5-8 所示，设置小猫的初始位置为舞台的中心位置，判断小猫的 x 坐标是否大于 100，如果大于 100，小猫说 "1"；否则小猫说 "2"。

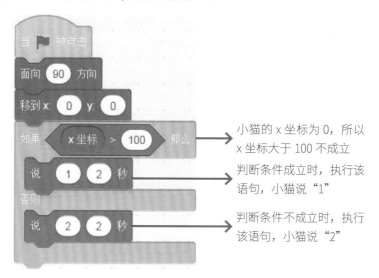

小猫的 x 坐标为 0，所以 x 坐标大于 100 不成立

判断条件成立时，执行该语句，小猫说 "1"

判断条件不成立时，执行该语句，小猫说 "2"

图 5-8　示例 5-3 的程序

点击绿旗执行程序，执行结果如图 5-9 所示，小猫说 "2"，这是因为 x 坐标大于 100 这一条件不成立，所以执行了 "否则" 里面的指令。

图 5-9　示例 5-3 的程序执行结果

实例 5-1：捡钻石

在电影《泰坦尼克号》中有这样一幕，在邮轮沉没之际（见图 5-10），露丝将价值不菲的钻石——海洋之心投入大海。相传公元 1642 年，法国的探险家兼珠宝商塔维密尔在印度西南部得到了一

块巨大的宝石，重 112.5 克拉，是极为罕见的深蓝色。塔维密尔将这块宝石带回国献给了法国国王路易十四，国王路易十四在得到这颗宝石后，将其打磨成了重 69.03 克拉的钻石。

图 5-10　泰坦尼克号沉没

【实例说明】

使用 Scratch 编程，模拟潜水员在泰坦尼克号沉没的海底搜寻钻石。海底有三颗钻石，潜水员要把它们全都捡起来，如图 5-11 所示。

图 5-11　捡钻石

【实现方法】

第 1 步: 导入潜水员和钻石两个角色。

第 2 步: 编写钻石的程序,如图 5-12 所示。编写完该程序,将该角色复制两次,这样舞台上就有了三颗钻石,然后通过鼠标分别把三颗钻石移动到不同的位置。

当钻石碰到潜水员时,隐藏钻石

图 5-12　钻石的程序

第 3 步: 编写潜水员的程序,潜水员的程序分为两段,第一段程序主要负责模拟潜水员的运动,如图 5-13 所示。

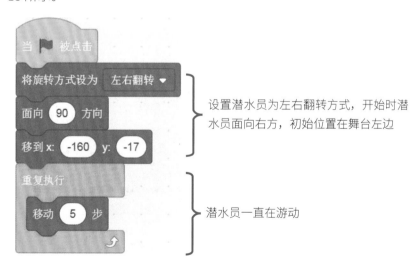

设置潜水员为左右翻转方式,开始时潜水员面向右方,初始位置在舞台左边

潜水员一直在游动

图 5-13　潜水员的第一段程序

第二段程序主要检测潜水员是否碰到舞台边缘和捡到最后一颗钻石,如图 5-14 所示。

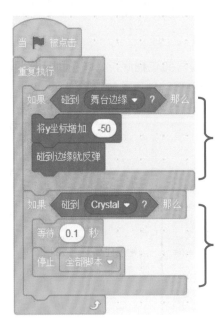

图 5-14 潜水员的第二段程序

如果潜水员游动到舞台边缘，则改变游动方向，并且位置往下移动 50

如果潜水员捡到了最后一颗钻石，那么程序结束

【程序执行结果】

程序编写完成后，点击绿旗执行程序。潜水员在水中来回游动，并且逐渐往下方游动，碰到钻石后，钻石隐藏，直到捡到最后一颗钻石后，程序结束，如图 5-15 所示。

图 5-15 实例 5-1 的程序执行结果

5.3 循环结构

循环结构作为 Scratch 程序的三大结构之一,编程时会经常用到。循环结构分为有限循环和无限循环。

5.3.1 确定循环次数的有限循环

有限循环是指确定循环次数的循环,可以通过有限循环指令来实现。图 5-16 所示就是有限循环指令,可以根据需要设置循环次数。

图 5-16 有限循环指令

【示例 5-4】

如果想要小猫移动 100 步,可以直接使用移动指令,填写 100 即可。也可以使用循环指令来实现,示例程序如图 5-17 所示。

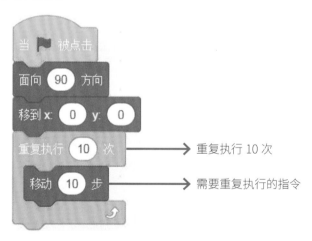

图 5-17 示例 5-4 的程序

程序编写完成后,点击绿旗执行程序。小猫从舞台的中心位置向右移动 100 步,如图 5-18 所示。

图 5-18　示例 5-4 的程序执行结果

5.3.2　不确定循环次数的有限循环

　　要实现有限循环，还可以使用如图 5-19 所示的指令，使用该指令时不需要知道准确的循环次数，只需知道循环结束的条件。当不满足循环结束的条件时，会一直循环；当满足循环结束的条件时，循环结束。

图 5-19　不确定循环次数的循环指令

【示例 5-5】

　　小猫从家出发去学校，不需要知道从家到学校有多少步的距离，也不需要计算自己走多少步就能到达学校，只需朝学校的方向走去，直到到达学校为止。

　　示例程序如图 5-20 所示，小猫的方向向右，初始位置在舞台左边，然后一直往右移动，直到 x 坐标大于 100 为止。

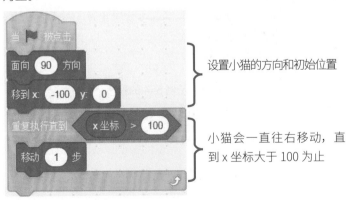

设置小猫的方向和初始位置

小猫会一直往右移动，直到 x 坐标大于 100 为止

图 5-20　示例 5-5 的程序

点击绿旗执行程序,执行结果如图 5-21 所示,小猫从左往右一直移动,直到 x 坐标为 101 为止。可以在舞台下方查看角色的当前坐标。

图 5-21　示例 5-5 的程序执行结果

5.3.3　无限循环

对于无限循环,在前面的示例程序中使用过,用法非常简单。无限循环没有终止条件和循环次数,可以使用重复执行指令来实现,如图 5-22 所示,把需要重复执行的指令放在循环内部即可。

图 5-22　重复执行指令

在一段完整的 Scratch 程序中,一般最多只有一个重复执行指令,两个及两个以上重复执行指令是没有意义的。

【示例 5-6】

示例程序如图 5-23 所示,在程序中使用了两个重复执行指令。外层循环中的移动与左转指令只执行了一次,然后程序进入内层循环,一直执行右转指令,所以外层循环是没有意义的。

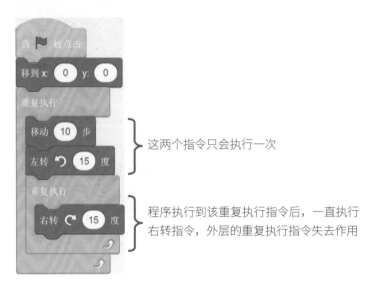

图 5-23　示例 5-6 的程序

实例 5-2：赶猫猫

【实例说明】

赶猫猫游戏界面如图 5-24 所示，共有两个角色：小猫和扫帚。玩家通过扫帚拍打小猫，小猫被赶着往前走。

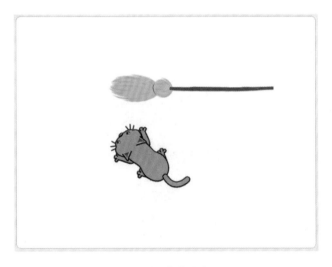

图 5-24　赶猫猫游戏界面

【实现方法】

第 1 步： 添加角色，在此选择小猫的角色为 Cat2，扫帚的角色为 Broom。

第 2 步：编写扫帚的程序，如图 5-25 所示。扫帚随鼠标指针移动，按下鼠标左键时，扫帚会有一个拍打的动作。

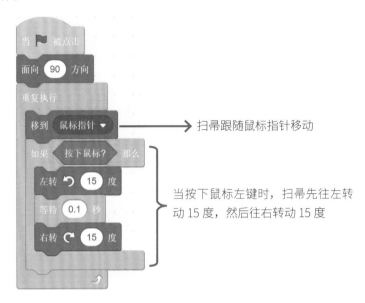

扫帚跟随鼠标指针移动

当按下鼠标左键时，扫帚先往左转动 15 度，然后往右转动 15 度

图 5-25　扫帚的程序

第 3 步：编写小猫的程序，如图 5-26 所示。用扫帚拍打小猫时，小猫才会往前移动。

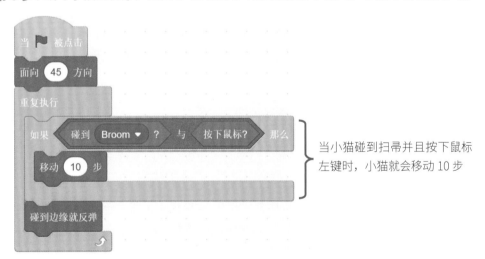

当小猫碰到扫帚并且按下鼠标左键时，小猫就会移动 10 步

图 5-26　小猫的程序

【程序执行结果】

扫帚和小猫的程序编写完成后，点击绿旗执行程序。如图 5-27 所示，用扫帚碰到小猫时，小猫不会往前走，只有用扫帚碰到小猫并按下鼠标左键时，小猫才会往前走。

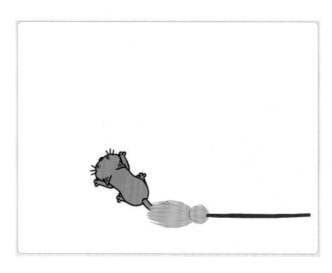

图 5-27　实例 5-2 的程序执行结果

5.4　等待

程序的执行速度非常快，很多时候还没看到角色的变化效果，程序就执行完了。可以人为地减缓程序的执行速度，让它慢下来，以便观察相关角色的变化效果。

5.4.1　等待指定时间

等待指定时间指令如图 5-28 所示，该指令在前面的示例程序中用过。程序执行到等待指定时间指令时，就会停在此处，等设置的等待时间到了，再继续执行下面的指令。

图 5-28　等待指定时间指令

5.4.2　等待条件满足

除了等待指定时间外，还可以等待条件满足。图 5-29 所示的指令就可以等待条件满足，条件不满足时，程序就停在此处；条件满足时，再继续执行下面的指令。

图 5-29　等待条件满足指令

【示例 5-7】

示例程序如图 5-30 所示,小猫在等待"碰到鼠标指针"事件,鼠标指针碰到小猫后,小猫开始转圈圈。

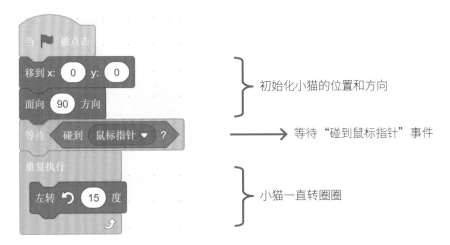

初始化小猫的位置和方向

等待"碰到鼠标指针"事件

小猫一直转圈圈

图 5-30 示例 5-7 的程序

编写完成程序后,点击绿旗执行程序。如图 5-31 所示,小猫在舞台的中心位置停止不动。移动鼠标指针碰到小猫后,小猫开始转圈圈。

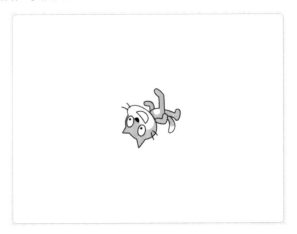

图 5-31 小猫转圈圈

5.5 克隆

生物学中的克隆是指生物体通过体细胞进行的无性繁殖,Scratch 中的克隆与生物学中的克隆非常相似。在 Scratch 中,可以通过克隆指令实现角色的复制。如果你能理解生物学中的克隆,就很容易理解 Scratch 中的克隆指令。

5.5.1 本体与克隆体

生物学中的克隆有母体和克隆体之分，母体提供细胞，细胞通过克隆技术产生的个体称为克隆体。在 Scratch 中，原始的角色为本体，通过克隆指令生成的角色为克隆体，克隆体不会显示在角色列表区。在 Scratch 中，克隆体通过克隆指令也可以产生克隆体，这样会生成无数个克隆体，一般不建议这样使用。

5.5.2 克隆指令

与克隆相关的指令如图 5–32 所示，共有三个指令：克隆指令、当作为克隆体启动时指令、删除此克隆体指令。"克隆指令"只在本体中使用，克隆体的程序放置在当作为克隆体启动时指令下。删除此克隆体指令也放置在当作为克隆体启动时指令下。

图 5–32　与克隆相关的指令

【示例 5–8】

使用克隆指令克隆一只小猫，让小猫的本体说"我是本体"，克隆体说"我是克隆体"。本体的程序如图 5–33 所示。

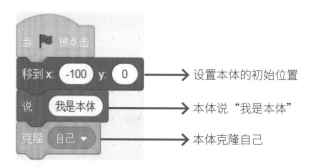

图 5–33　本体的程序

克隆体的程序如图 5–34 所示。注意本体和克隆体的这两段程序都是在小猫的程序中编写的。

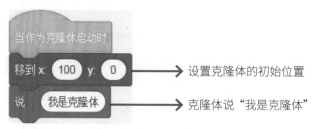

图 5–34　克隆体的程序

编写完成程序后，开始时舞台上只有一只小猫，如图 5-35 所示。

图 5-35　程序执行前

点击绿旗执行程序，舞台的右边出现了小猫的克隆体，如图 5-36 所示。

图 5-36　示例 5-8 的程序执行结果

5.5.3　区别不同的克隆体

当程序中有多个克隆体时，怎么区分克隆体呢？例如，克隆了三只小猫，怎样区分它们呢？怎样让它们执行不同的程序呢？这时就需要用到私有变量，即给每个克隆体分配一个编号，按编号执行相应的程序。

【示例 5-9】

编写一段程序，克隆三只小猫：第一只小猫在舞台左边，往右一直转圈；第二只小猫在舞台中心，说"我是二号克隆体"；第三只小猫在舞台右边，往左一直转圈。

第1步： 点击左边代码区的变量指令，然后点击"建立一个变量"按钮，如图 5-37 所示。

图 5-37　点击"建立一个变量"按钮

第2步： 在弹出的对话框中，输入新变量名"编号"，然后选中"仅适用于当前角色"单选按钮，建立私有变量，如图 5-38 所示。

图 5-38　输入新变量名，建立私有变量

第3步： 私有变量建立完成后，开始编写本体的程序。如图 5-39 所示，本体总共克隆了三次，每次克隆之前先把变量"编号"的值加 1，这样每个克隆体的编号是不一样的。

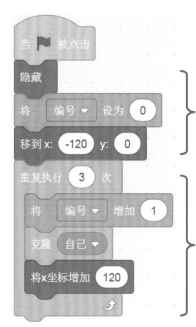

本体的初始化程序，设置变量"编号"的值为 0，设置本体在舞台的左边位置

进入循环，变量"编号"的值加 1，克隆自己，增加 x 坐标，即每克隆一次往右边移动 120

图 5-39　本体的程序

第 4 步：编写克隆体的程序，如图 5-40 所示。

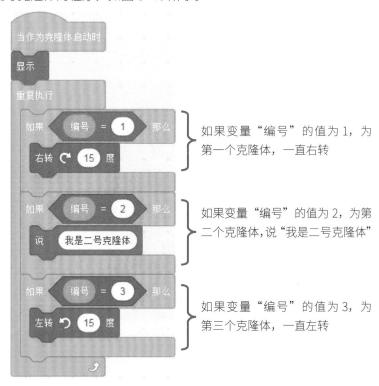

如果变量"编号"的值为 1，为第一个克隆体，一直右转

如果变量"编号"的值为 2，为第二个克隆体，说"我是二号克隆体"

如果变量"编号"的值为 3，为第三个克隆体，一直左转

图 5-40　克隆体的程序

所有的程序都编写完成后，点击绿旗执行程序。如图 5-41 所示，舞台上显示三只小猫，它们的动作各不相同。

图 5-41　示例 5-9 的程序执行结果

5.5.4　删除克隆体

理论上可以生成无数个克隆体，但是由于计算机运行内存的限制，实际上不能生成太多的克隆体，否则程序在执行时会出现卡顿的情况。在编程时，为了不占用计算机内存，可以使用删除此克隆体指令把无用的克隆体删除。

实例 5-3：射击恶龙

恶龙是动漫作品《海贼王》中的人物，前太阳海贼团干部，前恶龙海贼团船长。恶龙唯一的优点就是对同伴爱护有加，虽然他作恶多端，但跟白胡子一样，对自己的同伴十分好，如图 5-42 所示。

图 5-42　恶龙

【实例说明】

帮助恶龙的敌人做一款射击恶龙的游戏，玩家通过操作键盘调整射击方向，对准恶龙后，按下键盘空格键发射箭头攻击恶龙，恶龙每被击中一次，外观大小减小 5，最终恶龙变得越来越小。

【实现方法】

在射击恶龙的游戏中，每次按下空格键就克隆一次箭头，然后箭头从当前方向发射出去，如图 5-43 所示。

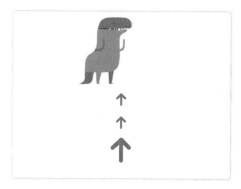

图 5-43　射击恶龙的游戏界面

第 1 步: 游戏中有两个角色，即恶龙和箭头。在角色库中，恶龙选择 Dinosaur4，箭头选择 Arrow1。编写箭头的程序时，箭头可以发射多次，因此可以使用克隆的方式编写箭头的程序。先编写箭头本体的程序，如图 5-44 所示，可以通过左右方向键控制箭头本体的方向。

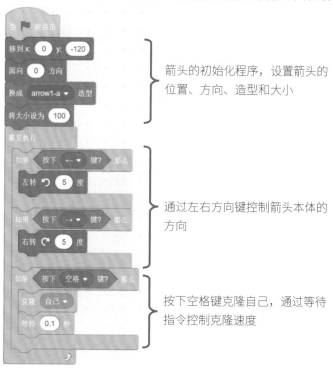

图 5-44　箭头本体的程序

第2步：编写箭头克隆体的程序，箭头的克隆体比本体小。箭头的克隆体启动时，设置大小为50，然后一直往当前方向发射，直到碰到恶龙或者碰到舞台边缘，删除此克隆体。如果碰到恶龙，给恶龙广播"消息1"，如图5-45所示。

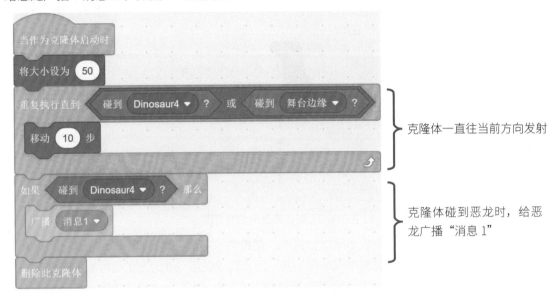

图5-45　箭头克隆体程序

第3步：编写完箭头的程序后，接下来编写恶龙的程序。恶龙的程序分为三段：第一段程序如图5-46所示，控制恶龙运动；第二段程序如图5-47所示，控制恶龙造型变化；第三段程序如图5-48所示，收到"消息1"时，恶龙变小。

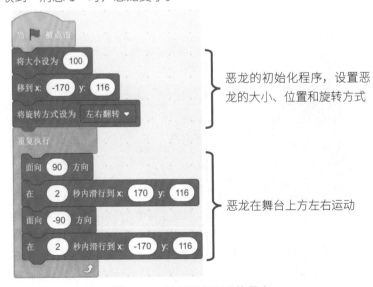

图5-46　控制恶龙运动的程序

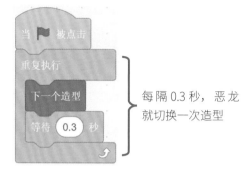
每隔 0.3 秒，恶龙
就切换一次造型

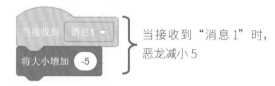
当接收到"消息 1"时，
恶龙减小 5

图 5-47　控制恶龙造型变化的程序　　　　图 5-48　恶龙被击中后变小的程序

【程序执行结果】

所有角色的程序编写完成后，点击绿旗执行程序。按下左方向键时，箭头往左转动；按下空格键时，箭头的克隆体就会从该方向发射出去，如图 5-49 所示。

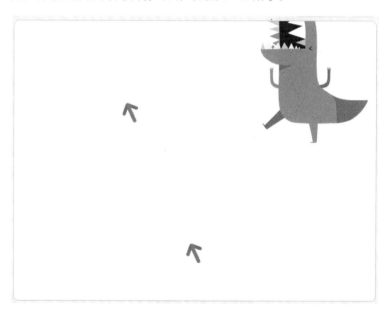

图 5-49　往左发射箭头

按下右方向键时，箭头往右转动；按下空格键时，箭头的克隆体就会从该方向发射出去，如图 5-50 所示，此时可以发现恶龙变小了。

图 5-50　往右发射箭头

总结与练习

【本章小结】

本章详细地学习了控制模块下的所有指令，包括分支结构、循环结构和与克隆相关的指令，这些内容是 Scratch 编程中重要的知识点。本体与克隆体的区分有一定难度，一定要好好练习，认真掌握。

【巩固练习】

一、选择题

1. 如图 5-51 所示的两段程序，当点击绿旗时，角色总共移动（　　）步。

图 5-51　程序 1

A. 50 　　　　　　　　B. 60 　　　　　　　　C. 300

2. 如图 5–52 所示的两段程序，执行完毕后，角色的位置一样。（　　）

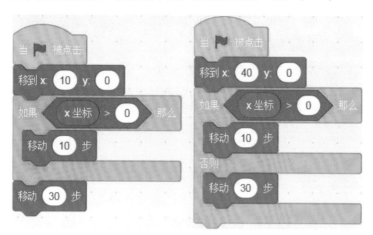

图 5–52　程序 2

A. 正确   B. 错误

二、判断题

1. 在 Scratch 编程中，使用停止当前脚本指令后，该脚本不能重新执行。（　　）

2. 使用停止全部脚本指令后，克隆体不会消失。（　　）

第6章

事件指令
——程序的触发条件

📖 **本章导读**

　　在 Scratch 编程中，一段程序的第一个指令必须是事件指令中的指令积木。所有的程序都是从事件指令开始执行的。事件指令就像赛场上裁判员的发令枪，裁判员扣动扳机发出声音时，所有的运动员都如箭一般飞快地往前跑。

扫一扫，看视频

6.1 事件指令与功能说明

在 Scratch 中，事件指令积木与功能说明见表 6-1。常用的是当绿旗被点击指令和当接收到消息指令。

表 6-1 事件指令积木与功能说明

序 号	积 木	功能说明
1	当 ▶ 被点击	当点击绿旗时，触发执行下面的程序
2	当按下 空格 ▼ 键	当按下某个键时，触发执行下面的程序
3	当角色被点击	当角色被点击时，触发执行下面的程序
4	当 响度 ▼ > 10	当响度大于某个值时，触发执行下面的程序
5	当背景换成 背景1 ▼	当切换到某个背景时，触发执行下面的程序
6	当接收到 消息1 ▼	当接收到某个消息时，触发执行下面的程序
7	广播 消息1 ▼	广播一条消息
8	广播 消息1 ▼ 并等待	广播一条消息，并等待接收消息的所有角色的程序执行完毕

6.2 程序开始运行

在 Scratch 中，除了前面使用过的当绿旗被点击指令，还可以通过按下键盘上的按键、鼠标点击角色、外部声响的大小、定时器、背景的切换及收到广播消息等方式来触发程序。

6.2.1　点击绿旗

点击舞台左上方的绿旗时，可以触发所有以"当绿旗被点击"为触发条件的程序。点击绿旗指令在前面的章节中已经用过很多次，在此不再详述。

6.2.2　当按下按键

当按下按键时的按键触发指令如图 6-1 所示，可以选择具体按下哪个键触发程序，如字母键、数字键和方向键，根据实际需要选择即可。

图 6-1　按键触发指令

【示例 6-1】

通过方向键控制小猫的上、下、左、右移动。程序分为五段，第一段程序如图 6-2 所示，主要是完成初始化工作，包括设置小猫的位置和方向。

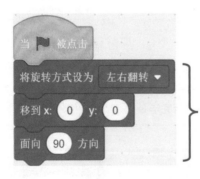

设置小猫的旋转方式为左右翻转，开始时小猫位于舞台的中心位置，面向右边

图 6-2　第一段程序

第二段到第五段程序如图 6-3 所示，主要是完成按下方向键后，控制小猫运动的功能，即按上键，小猫向上运动；按下键，小猫向下运动；按左键，小猫向左运动；按右键，小猫向右运动。

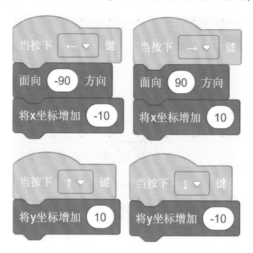

图 6-3　第二段到第五段程序

6.2.3　当角色被点击

当角色被点击指令如图 6-4 所示，点击该角色时，触发执行角色的程序。

图 6-4　当角色被点击指令

【示例 6-2】

编写一段程序，点击小猫时，小猫发出"喵"的声音，并说"别点我！"。示例程序如图 6-5 所示。

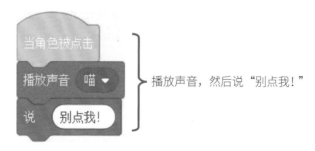

图 6-5　示例 6-2 的程序

程序编写完成后，不需要点击绿旗，可以直接点击小猫，就会听到"喵"的声音，并且可以看到小猫说"别点我！"，如图 6-6 所示。

图 6-6　示例 6-2 的程序执行结果

6.2.4　计时器触发

在 Scratch 中，系统提供了一个计时器触发指令，如图 6-7 所示。当计时器记录的时间大于指定的时间时，触发执行角色的程序。例如，上课时间是 40 分钟，当上课时间大于 40 分钟时，下课铃声就会响起。当点击绿旗时，计时器会自动归零，然后开始计时。

图 6-7　计时器触发指令

【示例 6-3】

编写一段程序，程序运行 3 秒后，小猫开始转圈。程序分为两段，如图 6-8 所示。

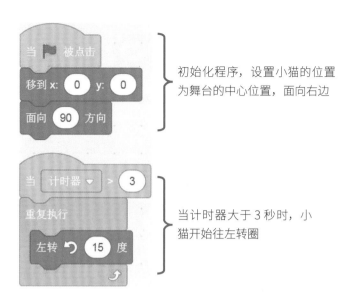

初始化程序，设置小猫的位置
为舞台的中心位置，面向右边

当计时器大于 3 秒时，小
猫开始往左转圈

图 6-8　示例 6-3 的程序

程序编写完成后，点击绿旗执行程序。开始时小猫没有任何动作，过了 3 秒后，小猫开始转圈，如图 6-9 所示。

图 6-9　示例 6-3 的程序执行结果

6.2.5　响度触发

除了上面几种触发执行程序的方式外，还可以使用外界的声音响度触发执行角色的程序。响度触发指令如图 6-10 所示，可以通过拍计算机、拍手或者播放音乐等方式发出声响，触发执行程序。

图 6-10　响度触发指令

【示例 6-4】

用手拍桌子时，小猫说"不要拍桌子！"，示例程序如图 6-11 所示。如果环境噪声比较大，可以适当地把响度设置得大一些。

图 6-11　示例 6-4 的程序

程序编写完成后，不需要点击绿旗。这时只要轻轻地拍拍桌子，小猫立即就会说"不要拍桌子！"，如图 6-12 所示；保持安静时，小猫不会说话。如果读者使用的台式电脑，记得插上麦克风，这样程序才能获取外界声音大小，笔记本电脑则不需要。

图 6-12　示例 6-4 的程序执行结果

实例 6-1：倒计时

在重大体育赛事开幕、跨年晚会等重大活动现场都会有倒计时，现场观众一起倒数读秒，现场气氛变得更加热烈。图 6-13 所示就是一个倒计时牌。

图 6–13　倒计时牌

【实例说明】

使用 Scratch 编写一段程序，实现倒计时功能。从 9 开始倒计时，每秒减 1，减到 0 时，发出一段声音。

【实现方法】

第 1 步：添加角色 Glow–0，即数字 0，然后把 1 到 9 共 9 个角色作为造型添加到角色 Glow–0 的造型列表中。添加完成后的角色造型列表如图 6–14 所示。

图 6–14　角色造型列表

第 2 步：造型添加完成后，添加声音 A Bass。

第 3 步：添加背景图片 Party。

第 4 步：编写角色的倒计时程序，如图 6–15 所示。

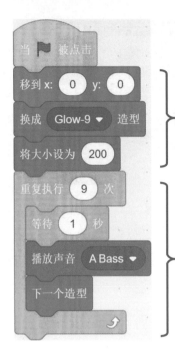

图 6-15　角色的倒计时程序

【程序执行结果】

程序编写完成后，点击绿旗执行程序。程序执行结果如图 6-16 所示，倒计时从 9 开始，每隔 1 秒数字减 1，直到减到 0 为止。

图 6-16　实例 6-1 的程序执行结果

6.3 消息机制

Scratch 中的消息机制是实现角色之间通信的主要手段。角色之间通过通信，能够很好地协调各角色的功能与动作。消息机制主要包括广播消息与接收消息，广播消息就是发送消息。就像校园广播一样，学校里的每个人都能听见。在 Scratch 中，如果一个角色广播消息，所有的角色都能接收到。

6.3.1 广播消息

广播消息指令如图 6-17 所示，除了图中的"消息 1"，还可以广播新消息。

图 6-17　广播消息指令

广播新消息的步骤如下。

第 1 步: 点击"消息 1"后的下拉按钮，在弹出的菜单中，点击选择"新消息"选项，如图 6-18 所示。

图 6-18　广播新消息

第 2 步: 在弹出的对话框中填写新消息的名称，在此填写"开始"，如图 6-19 所示。

图 6-19　填写新消息的名称

第 3 步：通过以上操作，可以在广播消息列表中看到“开始”这条消息，如图 6-20 所示。

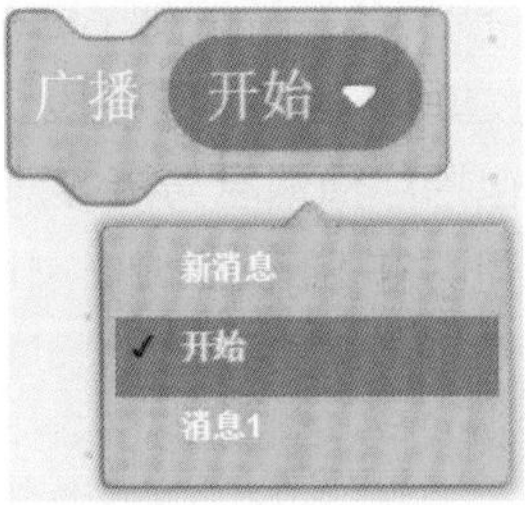

图 6-20　选择广播“开始”消息

6.3.2　接收消息

有广播消息就有接收消息，否则广播消息就没有意义了。一个角色完成了某个功能后广播一条消息，另一个角色接收到该消息后做出对应的操作。另外，也可以在同一个角色中广播消息和接收消息。接收消息指令如图 6-21 所示，由它的形状可知，该指令可以作为一段程序的触发条件。

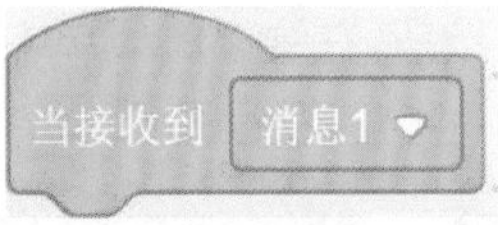

图 6-21　接收消息指令

【示例 6-5】

在同一个角色中广播消息即接收消息，即角色自己广播消息，然后自己接收消息。添加猴子角色 Monkey，广播消息的程序如图 6-22 所示。

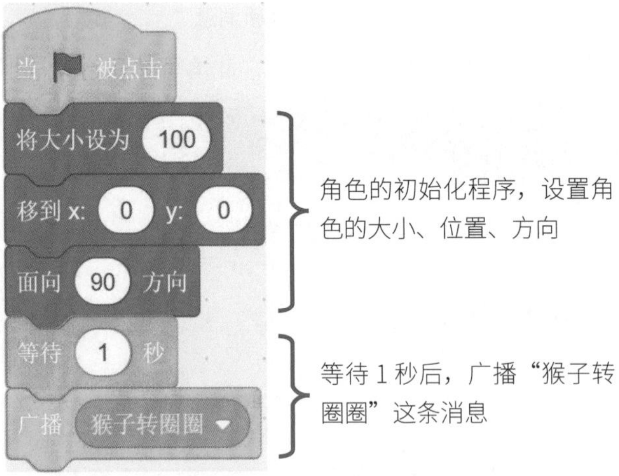

图 6-22　广播消息的程序

编写完成广播消息的程序后，接下来编写接收消息的程序，如图 6-23 所示。

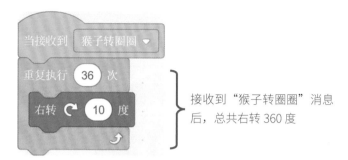

接收到"猴子转圈圈"消息
后，总共右转 360 度

图 6-23　接收消息的程序

以上两段程序都编写完成后，点击绿旗执行程序。如图 6-24 所示，开始时猴子并没有运动，等待 1 秒后接收到信息，猴子开始右转，转了一圈后停止。

图 6-24　猴子接收到消息后开始转圈

6.3.3　广播消息并等待

顾名思义，广播消息并等待，就是广播消息以后，不会立即执行接下来的指令，而是等待所有接收该消息的角色执行完相关程序，再执行"广播消息并等待"下面的指令。广播消息并等待指令如图 6-25 所示。

图 6-25　广播消息并等待指令

一般在商场、超市门口会有幸运大转盘，商家根据幸运大转盘为客户提供不同的优惠，如图 6-26 所示。

图 6-26　幸运大转盘

【实例说明】

在本实例中通过 Scratch 编程，开发一个幸运大转盘的游戏。

【实现方法】

编写一个幸运大转盘的游戏，该大转盘包括六个等级的奖品，分别是一等奖、二等奖、三等奖、四等奖、五等奖和六等奖。点击"开始"按钮时，指针转动；点击"暂停"按钮时，指针停止。

第 1 步： 绘制转盘角色，如图 6-27 所示，先画一个圆形，然后通过直线把该圆形分为 6 份，分别写上一、二、三、四、五、六。

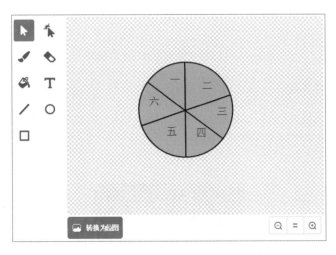

图 6-27　绘制转盘角色

第 2 步： 导入指针、开始按钮和暂停按钮，如图 6-28 所示。把 4 个角色放置在合适的位置，左下角的蓝色按钮为开始按钮，右下角的灰色按钮为暂停按钮。

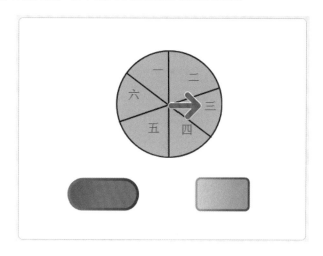

图 6-28　导入角色

第 3 步： 编写转盘的程序，如图 6-29 所示。转盘不需要转动，只是固定在舞台的中心位置。

图 6-29　转盘的程序

第 4 步： 编写开始按钮的程序，如图 6-30 所示。

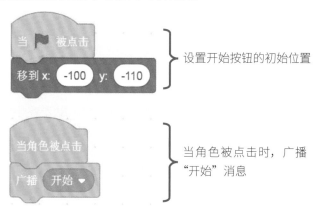

图 6-30　开始按钮的程序

第 5 步：编写暂停按钮的程序，如图 6-31 所示。

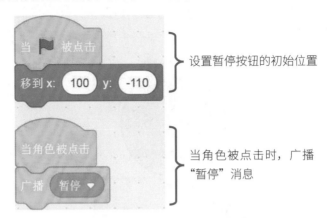

图 6-31　暂停按钮的程序

第 6 步：编写指针的程序，如图 6-32 所示。在编写指针的程序之前，需要将指针的中心点移动到箭头的末端，这样指针才能以箭头末端为中心旋转。

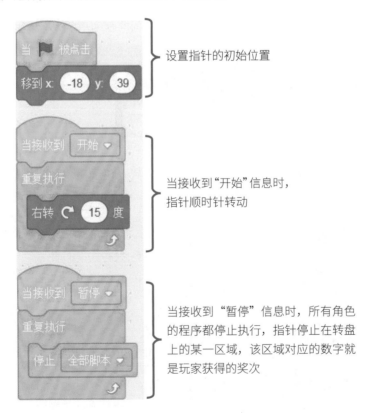

图 6-32　指针的程序

【程序执行结果】

当所有角色的程序编写完成后,点击绿旗执行程序。点击左下角的开始按钮后,指针开始转动,等待一段时间,点击右下角的暂停按钮,发现指针指到二等奖的位置,如图 6-33 所示。

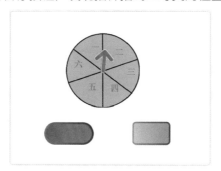

图 6-33　实例 6-2 的程序执行结果

总结与练习

【本章小结】

本章详细地学习了事件模块下的所有指令,包括按对应按键触发指令、点击角色触发指令、判断响度指令和时间触发指令。其中最重要的是消息机制,包括广播消息与接收消息。如果一个角色广播一条信息,则所有角色都可以接收到。有时并不需要所有角色都接收该消息,只需在对应的角色中接收消息并处理即可。

【巩固练习】

一、选择题

1. 如图 6-34 所示的程序,按下空格键并等待 1 秒后,角色的大小是（　　　）。

图 6-34　程序 1

A. 100　　　　　　　B. 110　　　　　　　C. 120　　　　　　　D. 不确定

2. 如图 6-35 所示的程序，按下空格键并等待 1 秒后，角色面向（　　）度的方向。

图 6-35　程序 2

A. 90　　　　　　　B. 15　　　　　　　C. 30　　　　　　　D. 45

二、判断题

1. 通过消息机制（即广播消息和接收消息的方式）可以实现循环的效果。（　　　）

2. 在 Scratch 中广播一条消息，所有角色都可以接收到该消息。（　　　）

第 7 章

运算指令
——处理各种运算

📖 本章导读

在 Scratch 编程中，运算指令都是绿色的。运算主要分为算术运算、关系运算、逻辑运算三类。算术运算和数学运算一样，计算两个数的加、减、乘、除；关系运算就是比较两个数的大小关系；逻辑运算包括与、或、非运算。

扫一扫，看视频

7.1 运算指令与功能说明

本节将系统地学习 Scratch 编程中的各种运算。运算指令积木与功能说明见表 7-1。

表 7-1　运算指令积木与功能说明

序　号	积　　木	功能说明
1	( ) + ( ) ( ) - ( ) ( ) * ( ) ( ) / ( )	算术运算的相关指令： ● 加法运算 ● 减法运算 ● 乘法运算 ● 除法运算
2	( ) > 50 ( ) < 50 ( ) = 50	关系运算的相关指令： ● 判断是否大于 ● 判断是否小于 ● 判断是否等于
3	在 1 和 10 之间取随机数	取随机数
4	与 或 不成立	逻辑运算的相关指令： ● 与运算 ● 或运算 ● 非运算
5	连接 apple 和 banana apple 的第 1 个字符 apple 的字符数 apple 包含 a ?	字符串运算的相关指令： ● 连接两个字符串 ● 取出字符串中的字符串 ● 计算字符串的长度 ● 判断字符串中是否包含某个字符串

算术运算

算术运算和数学运算一样，除了包括加、减、乘、除运算以外，还包括取余数、四舍五入等。本节详细讲解各种运算指令在 Scratch 编程中的运用。

7.2.1 加法运算

在 Scratch 编程中，加法运算指令如图 7-1 所示，有两个椭圆形空格，把两个加数分别放入空格中即可。

图 7-1 加法运算指令

【示例 7-1】

让小猫说出两个数相加的结果，示例程序如图 7-2 所示。点击绿旗执行程序，小猫说出 75 加 86 的结果是 161，如图 7-3 所示。

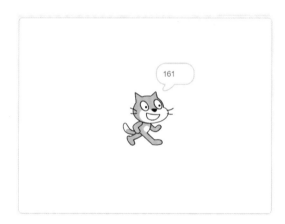

图 7-2 示例 7-1 的程序　　　　图 7-3 示例 5-1 的程序执行结果

7.2.2 减法运算

在 Scratch 编程中，减法运算指令如图 7-4 所示，也有两个椭圆形空格，把两个数分别放入空格中即可。

图 7-4 减法运算指令

【示例 7-2 】

让小猫说出两个数相减的结果，示例程序如图 7-5 所示。

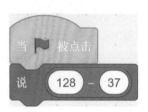

图 7-5　示例 7-2 的程序

程序编写完成后，点击绿旗执行程序，小猫说出 128 减 37 的结果是 91，如图 7-6 所示。

图 7-6　示例 7-2 的程序执行结果

7.2.3　乘法运算

在 Scratch 编程中，乘法运算指令如图 7-7 所示，有两个椭圆形空格，把两个参与乘法运算的数分别放入椭圆形空格中即可。

图 7-7　乘法运算指令

【示例 7-3 】

让小猫说出两个数相乘的结果，示例程序如图 7-8 所示。

图 7-8 示例 7-3 的程序

程序编写完成后，点击绿旗执行程序，小猫说出 23 乘 32 的结果是 736，如图 7-9 所示。

图 7-9 示例 7-3 的程序执行结果

7.2.4 除法运算

在 Scratch 编程中，除法运算指令如图 7-10 所示，有两个椭圆形空格，把两个参与除法运算的数分别放入椭圆形空格中即可。

图 7-10 除法运算指令

【示例 7-4】

让小猫说出两个数相除的结果，示例程序如图 7-11 所示。

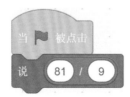

图 7-11 示例 7-4 的程序

程序编写完成后，点击绿旗执行程序，小猫说出 81 除以 9 的结果是 9，如图 7-12 所示。

图 7-12　示例 7-4 的程序执行结果

如图 7-12 所示，因为 81 刚好被 9 整除，所以结果为 9，在不能整除时，结果是什么呢？在 Scratch 的算术运算中，不管是加法、减法、乘法还是除法运算，如果结果带小数，都会默认对第三位小数四舍五入后保留两位小数。下面通过示例 7-5 加以说明。

【示例 7-5】

让小猫说出两个数相加的结果，示例程序如图 7-13 所示。

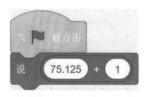

图 7-13　示例 7-5 的程序

程序编写完成后，点击绿旗执行程序，小猫说出 75.125 加 1 的结果是 76.13，如图 7-14 所示。本来 75.125 加 1 的结果为 76.125，四舍五入保留两位小数后的值为 76.13，减法、乘法、除法运算都是这样的，在此不再详述。

图 7-14　示例 7-5 的程序执行结果

实例 7-1：逆序输出

【实例说明】

什么是逆序输出呢？例如，整数 978 的逆序是 879，编写一段程序，输出一个数的逆序。

【实现方法】

随机生成一个 100 ～ 9999 的随机数，如果生成的随机数为 217，小猫先说 2 秒 217，然后输出该数的逆序数 712，程序如图 7-15 所示。

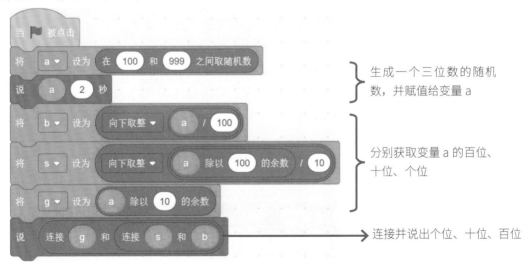

图 7-15　实例 7-1 的程序

【程序执行结果】

程序编写完成后，点击绿旗执行程序。如图 7-16 所示，小猫先说出随机数 217，然后说出 217 的逆序数 712。

图 7-16　实例 7-1 的程序执行结果

7.3　随机数

　　随机数就是不确定的数，如 1～100 的一个随机数，可能是 1，也可能是 10，该数是不确定的。在 Scratch 中，经常会用到随机数。随机数指令如图 7-17 所示，可以通过该指令生成随机整数和随机小数。

图 7-17　随机数指令

7.3.1　随机整数

　　随机整数的生成方式非常简单，直接使用如图 7-17 所示的指令即可。

【示例 7-6】

　　让小猫在舞台的右上方区域自由运动。右上方区域的 x 坐标为 0～240，y 坐标为 0～180，在此使用滑行指令加随机数完成。示例程序非常简单，如图 7-18 所示，x 坐标和 y 坐标都是使用随机数，这样小猫就被限制在舞台的右上方区域运动。

图 7-18　示例 7-6 的程序

　　程序编写完成后，点击绿旗执行程序。如图 7-19 所示，小猫一直在舞台的右上方区域运动，不会出现在舞台的其他位置。

图 7-19　示例 7-6 的程序执行结果

7.3.2　随机小数

在 Scratch 中，并没有提供生成随机小数的指令，但是可以通过随机数指令生成随机小数。如图 7-20 所示，随机数指令通过与除法指令结合即可生成随机小数。

图 7-20　生成随机小数的指令

实例 7-2：牛顿接苹果

牛顿因为被苹果砸中脑袋而发现了万有引力定律，如图 7-21 所示，不管这个故事的真实性如何，但是牛顿爱观察、勤思考的好习惯都是值得人们学习的。

图 7-21　牛顿被苹果砸中发现万有引力定律

【实例说明】

编写一个牛顿接苹果的小游戏。游戏开始后，苹果从舞台上方的任意位置下落，玩家通过左右方向键控制牛顿左右移动来接苹果，总共下落 10 个苹果，看看牛顿能接到几个。

【实现方法】

第 1 步： 导入牛顿和苹果两个角色，在此用角色 Dani 表示牛顿，角色列表如图 7–22 所示。

图 7–22　角色列表

第 2 步： 编写苹果的程序，如图 7–23 所示。

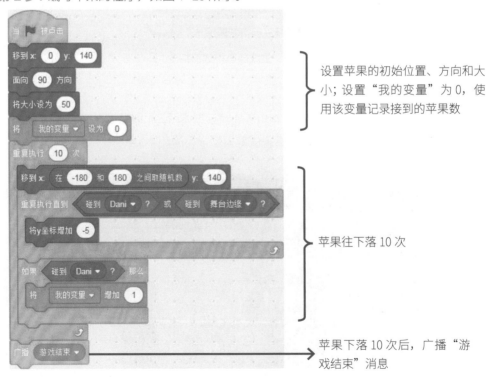

图 7–23　苹果的程序

第 3 步： 编写牛顿的程序，程序分为两段，牛顿的第一段程序如图 7-24 所示，主要控制牛顿左右移动。

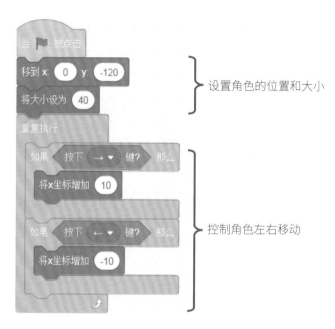

图 7-24　牛顿的第一段程序

牛顿的第二段程序如图 7-25 所示，用于接收广播消息，当苹果下落 10 次后，会发出"游戏结束"消息，牛顿接收到该消息后，说出总共接到的苹果数。

图 7-25　牛顿的第二段程序

【程序执行结果】

编写完成苹果和牛顿两个角色的程序后，点击绿旗执行程序。如图 7-26 所示，操作键盘控制牛顿左右移动，两个角色游戏结束后，牛顿说出 6，即总共接到 6 个苹果。

图 7-26　实例 7-2 的程序执行结果

 关系运算

在 Scratch 中，关系运算包括大于、小于和等于三种。关系运算的结果要么是 True，要么是 False；满足条件时为 True，否则为 False。一般情况下，关系运算指令需要与判断指令结合使用。

7.4.1　大于

大于指令如图 7-27 所示，当左边的数大于右边的数时，关系运算的结果为 True；否则为 False。

图 7-27　大于指令

7.4.2　小于

小于指令如图 7-28 所示，当左边的数小于右边的数时，关系运算的结果为 True；否则为 False。

图 7-28　小于指令

7.4.3　等于

等于指令是用得最多的关系运算指令，如图 7-29 所示。当左边的数等于右边的数时，关系运算的结果为 True；否则为 False。

图 7-29　等于运算指令

实例 7-3：欢乐猜大小

欢乐猜大小游戏是一种数字类游戏。游戏开始后，玩家根据自己的判断，猜测盒子中出现的数字，游戏界面如图 7-30 所示。

图 7-30　欢乐猜大小游戏界面

【实例说明】

编写一段 Scratch 程序，让小猫和小狗猜大小。首先由小猫生成一个 1～6 的随机数，然后小狗来猜该数的大小，如果随机数在 1～3 中，那么为小；如果随机数在 4～6 中，那么为大。欢乐猜大小游戏的运行界面如图 7-31 所示。

图 7-31　欢乐猜大小游戏的运行界面

【实现方法】

编写一段程序，小猫生成 1～6 的随机数，然后小狗猜大小，最后小猫说出该数是多少，小狗自己判断对错。

第 1 步： 编写小猫的程序，程序分为两段。第一段程序如图 7-32 所示，初始化小猫的初始位置和方向，然后生成一个随机数并放置在变量 a 中，让小狗猜大小并让小猫广播消息"1"。

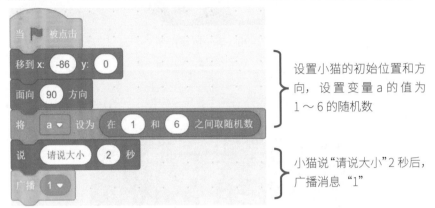

图 7-32　小猫的第一段程序

第 2 步： 小猫的第二段程序如图 7-33 所示，当小猫接收到小狗广播的消息"2"时，说出变量 a 的值，然后广播消息"3"。

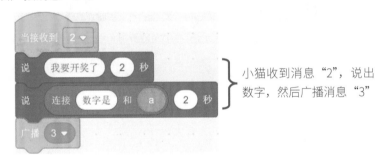

图 7-33　小猫的第二段程序

第 3 步： 编写小狗的程序，程序分为三段。第一段程序如图 7-34 所示，主要是初始化小狗的初始位置和方向。

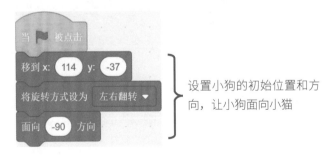

图 7-34　小狗的第一段程序

第4步： 小狗的第二段程序如图 7-35 所示，当小狗接收到小猫广播的消息"1"时,随机说出"大"或"小"，并设置变量 b 的值，如果说"大"，b 的值为 2；如果说"小"，b 的值为 1，然后广播消息"2"。

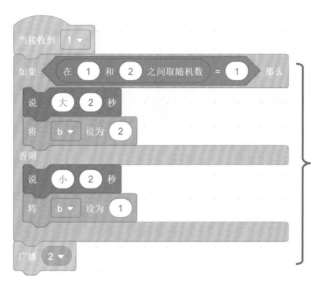

图 7-35　小狗的第二段程序

第 5 步： 小狗的第三段程序如图 7-36 所示，当小狗接收到小猫广播的消息"3"时，判断自己猜得是否正确，并说出对错。

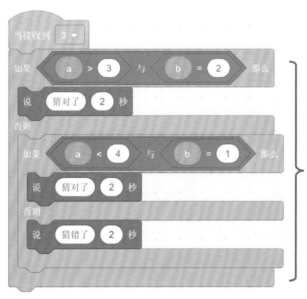

图 7-36　小狗的第三段程序

【程序执行结果】

程序编写完成后，点击绿旗程序执行，程序执行结果如图 7-37～图 7-41 所示。

图 7-37　小猫让小狗说大小

图 7-38　小狗说"小"

图 7-39　小猫提示说"我要开奖了"

图 7-40　小猫说出"数字是 3"

图 7-41　小狗说"猜对了"

7.5 逻辑运算

在 Scratch 中，逻辑运算包括与、或、不成立三种。与运算指令、或运算指令的左右两边都需要填写条件指令，不成立运算指令只需填写一个条件指令。

7.5.1 与

与运算指令如图 7-42 所示，当左右两边的条件指令的结果都为 True 时，与运算的结果才为 True；只要其中一个条件指令的结果为 False，与运算的结果就是 False。

图 7-42 与运算指令

【示例 7-7】

编写一段程序,实现鼠标拖动角色的功能。想要鼠标拖动角色需要判断两个条件：鼠标碰到角色、鼠标按下。只有当这两个条件同时满足时，才符合拖动角色的触发条件。示例程序如图 7-43 所示。

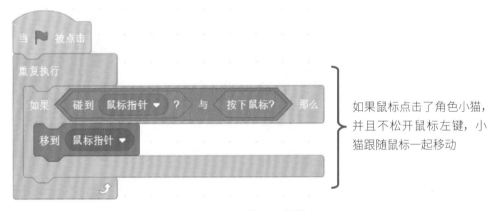

如果鼠标点击了角色小猫，并且不松开鼠标左键，小猫跟随鼠标一起移动

图 7-43 示例 7-7 的程序

程序编写完成后，点击绿旗执行程序，把鼠标移动到小猫上，然后按下鼠标左键，移动鼠标时可以看到小猫跟随鼠标移动。

7.5.2 或

或运算指令如图 7-44 所示，只要左右两边的条件指令的结果有一个为 True，或运算的结果就为 True；当左右两个条件指令的结果都为 False 时，或运算的结果才是 False。

图 7-44 或运算指令

7.5.3　不成立

不成立运算又称非运算，不成立运算指令如图 7-45 所示。当条件为 True 时，经过不成立运算后，该指令的结果是 False；同理，当条件为 False 时，经过不成立运算后，该指令的结果是 True。

图 7-45　不成立运算指令

实例 7-4：闰年的判断

大家都知道平年的二月有 28 天，而闰年的二月有 29 天（见图 7-46），怎么区分某年是平年还是闰年呢？闰年分为普通闰年和世纪闰年。

图 7-46　判断是平年还是闰年

普通闰年：公历年份是 4 的倍数，且不是 100 的倍数 (如 2004 年、2020 年)。

世纪闰年：公历年份是整百数的，必须是 400 的倍数 (如 1900 年是普通闰年而不是世纪闰年，2000 年是世纪闰年)。

【实例说明】

编写一段程序，随机生成 1000 ～ 2021 的一个数作为年份，然后判断该年是否为闰年。

【实现方法】

程序比较简单，在此用到了与运算指令，程序如图 7-47 所示。

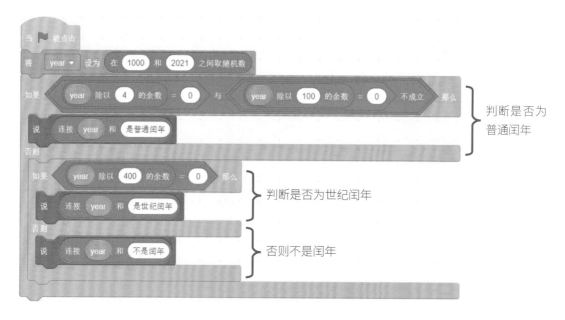

图 7-47　实例 7-4 的程序

【程序执行结果】

程序编写完成后，点击绿旗第一次执行程序，小猫说出 1300 不是闰年，如图 7-48 所示。再次点击绿旗第二次执行程序，小猫说出 2000 是世纪闰年，如图 7-49 所示。

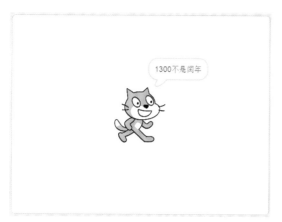

图 7-48　实例 7-4 的程序执行结果 1

图 7-49　实例 7-4 的程序执行结果 2

第三次点击绿旗执行程序，小猫说出 1528 是普通闰年，如图 7-50 所示。

图 7-50　实例 7-4 的程序执行结果 3

7.6　字符串操作

在 Scratch 中，字符串是指一连串的字符或数字。与字符串相关的运算指令有四个：连接两个字符串、取字符串中的某一个字符、统计字符串的字符数、判断字符串中是否包含某个字符。

7.6.1　连接字符串

如图 7-51 所示就是连接字符串指令，该指令可以把两个字符首尾相连，也可以把两个变量首尾相连，还可以把字符串和变量首尾相连。

图 7-51　连接字符串指令

【示例 7-8】

编写一段程序，让小猫说出"第 1 个""第 2 个"，一直数到 10。这里就可以使用连接字符串指令，示例程序如图 7-52 所示。

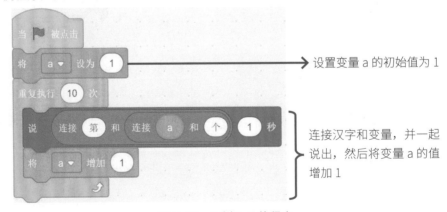

图 7-52　示例 7-8 的程序

程序编写完成后，点击绿旗执行程序。小猫会从"第 1 个""第 2 个"一直说到"第 10 个"，如图 7-53 所示。

图 7-53　示例 7-8 的程序执行结果

7.6.2　取出字符串中的字符

在 Scratch 中，字符串是有序的，即字符串中的字符可以通过位置编号取出。字符的位置编号从 1 开始，取出字符串中的字符指令如图 7-54 所示。

图 7-54　取出字符串中的字符指令

【示例 7-9】

编写一段程序，让小猫说出字符串"hello"中的"o"，示例程序如图 7-55 所示。

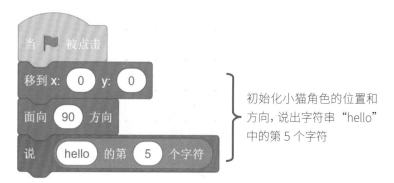

初始化小猫角色的位置和方向，说出字符串"hello"中的第 5 个字符

图 7-55　示例 7-9 的程序

程序编写完成后，点击绿旗执行程序。小猫说出了字符串中第 5 个字符"o"，如图 7-56 所示。

图 7-56　示例 7-9 的程序执行结果

7.6.3　统计字符串的字符数

如果一个字符串很长，怎样才能快速统计该字符串的字符数呢？ Scratch 提供了专门统计字符串的字符数指令，如图 7-57 所示。

图 7-57　统计字符串的字符数指令

【示例 7-10】

编写一段程序，让小猫说出"hello,scratch"字符串的字符数,示例程序如图 7-58 所示。

图 7-58　示例 7-10 的程序

程序编写完成后，点击绿旗执行程序。小猫说出字符串"hello，scratch"的字符数是 13，如图 7-59 所示。

图 7-59　示例 7-10 的程序执行结果

7.6.4　字符串中是否包含某个字符

在 Scratch 中，对字符串的操作指令除了上面三个，还有一个指令，该指令可以判断字符串中是否包含某个字符。

【示例 7-11】

编写一段程序，在一个字符串中有 4 种水果名称，判断该字符串中是否包含"苹果"，如果包含，则说"有苹果"；否则说"没有苹果"，示例程序如图 7-60 所示。

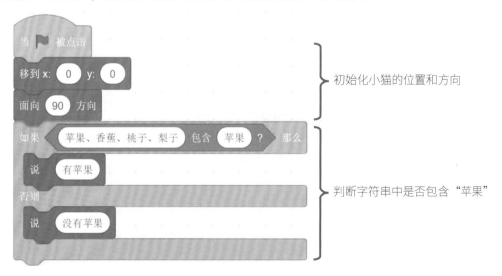

图 7-60　示例 7-11 的程序

程序编写完成后，点击绿旗执行程序。小猫判断出字符串中包含"苹果"这个字符串，如图 7-61 所示。

图 7-61　示例 7-11 的程序执行结果

7.7　其他常用运算

在 Scratch 编程中，除了算术运算、关系运算、逻辑运算外，还提供了取余数、四舍五入、求绝对值、向上或向下取整及求平方根等运算。

7.7.1　取余数

在除法运算中会遇到除不尽的情况，这样商就会是一个小数。有时需要取整除后的余数部分，这时就可以使用取余数指令，如图 7-62 所示。

图 7-62　取余数指令

【示例 7-12】

编写一段程序，判断一个数是奇数还是偶数，示例程序如图 7-63 所示。

程序编写完成后，点击绿旗执行程序，小猫判断出 14 是一个偶数，如图 7-64 所示。

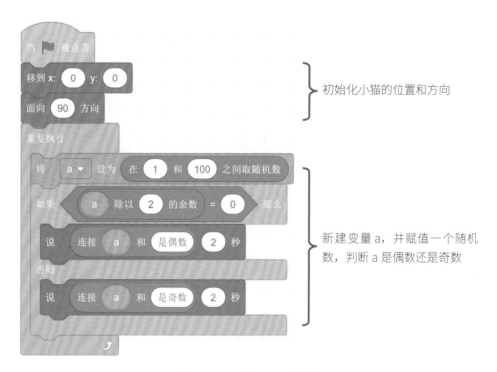

初始化小猫的位置和方向

新建变量 a，并赋值一个随机
数，判断 a 是偶数还是奇数

图 7-63　示例 7-12 的程序

图 7-64　示例 7-12 的程序执行结果 1

再次点击绿旗执行程序，小猫又判断出 43 是一个奇数，如图 7-65 所示。

图 7-65　示例 7-12 的程序执行结果 2

7.7.2　四舍五入

四舍五入是一种求近似值的方法。在 Scratch 编程中，四舍五入的原则为：当小数点后第一位数小于 5 时，把整个小数部分舍去，只保留整数部分，如 3.34 四舍五入后的结果是 3；当小数点后第一位数不小于 5 时，先把整个小数部分舍去，然后给整数部分加 1，如 3.5 四舍五入后的结果是 4。四舍五入指令如图 7-66 所示。

图 7-66　四舍五入指令

7.7.3　向上取整或向下取整

向上取整或向下取整也是一种求近似值的方法，其指令如图 7-67 所示。取整不同于四舍五入，如对 3.1 向上取整的结果是 4，对 3.1 向下取整的结果是 3。

图 7-67　向下取整或向上取整指令

7.7.4　绝对值

一个数在坐标轴上所对应点到原点的距离叫作这个数的绝对值。距离是没有负数的，因此一个正数的绝对值是它本身，一个负数的绝对值是它的相反数（即去掉负号的数）。求绝对值指令如图 7-68 所示。

图 7-68　求绝对值指令

7.7.5　平方根

平方根是平方的逆运算，如 3 的平方是 9，9 的平方根就是 3。Scratch 提供了求平方根指令，如图 7-69 所示。

图 7-69　求平方根指令

实例 7-5：你问我答

"你问我答"是一种在课堂上快速检查学生学习效果的方式，一般是老师提问，学生回答（见图 7-70）。

图 7-70　你问我答

【实例说明】

编写一段 Scratch 程序实现"你问我答"，即角色一出题，角色二回答。

【实现方法】

第 1 步：导入两个角色，分别为 Avery 和 Abby，如图 7-71 所示，Avery 出题，Abby 回答。

图 7-71　角色列表

第 2 步：角色导入完成后，编写角色 Avery 的程序。Avery 的程序分为两段，第一段程序如图 7-72 所示，初始化 Avery 的方向和位置，设置变量 a 和变量 b 的值为随机数，然后出题并广播"请回答"消息给 Abby。

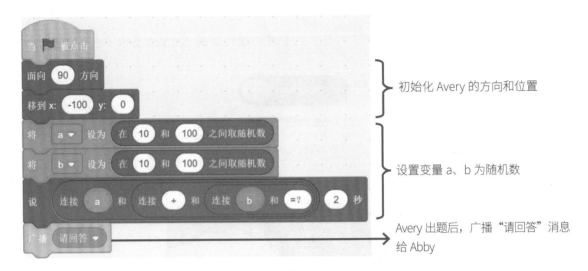

图 7-72　Avery 的第一段程序

第 3 步：Avery 的第二段程序如图 7-73 所示，当 Abby 收到"请回答"消息后，做出相应处理，然后广播"请出下一题"消息给 Avery，当 Avery 收到该消息后，继续出题，如此循环。

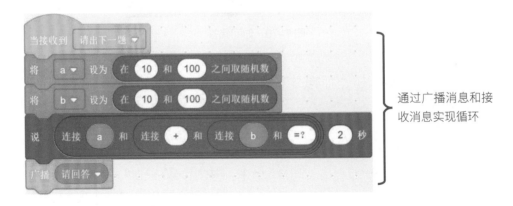

图 7-73　Avery 的第二段程序

第 4 步：编写角色 Abby 的程序。Abby 的程序也分为两段，第一段程序如图 7-74 所示，主要负责 Abby 角色的初始化；第二段程序如图 7-75 所示，主要负责接收消息并做出回答。

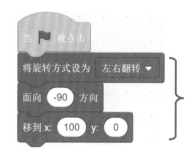

设置 Abby 的方向和位置，
使 Abby 面向 Avery

图 7-74　Abby 的第一段程序

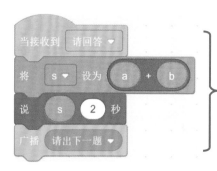

收到"请回答"消息后，把变量 a 和变
量 b 相加的结果赋给变量 s，并说出变量
s 的值，然后广播"请出下一题"消息给
Avery

图 7-75　Abby 的第二段程序

【程序执行结果】

两个角色的程序编写完成后，点击绿旗执行程序，Avery 先出题"67+32=？"，然后等待 Abby
回答，如图 7-76 所示。

图 7-76　Avery 出题

Abby 说出了 67 加 32 的和为 99，如图 7-77 所示。Avery 又继续出题，Abby 回答，一直重复执行。

图 7-77　Abby 回答

总结与练习

【本章小结】

本章详细地学习了运算模块下的所有指令。在 Scratch 中，运算指令包括算术运算指令、逻辑运算指令、关系运算指令及字符连接指令，其中需要重点掌握逻辑运算指令。

【巩固练习】

一、选择题

1. 如图 7-78 所示的一段指令，它的结果范围是（　　）。

图 7-78　指令 1

  A.（1,10）   B.（2,10）   C.（2,10）   D.（2,20）

2. 如图 7-79 所示的一段指令，它的结果不可能是（　　）。

图 7-79　指令 2

  A. 0   B. 1   C. 2   D. 3

二、编程题

使用运算模块下的指令编写一段程序，让小猫说出算式 87*35+28/4-33*3 的结果。

第 8 章

变量指令
——存放数据

📖 本章导读

变量来自数学中，是计算机语言中能存放计算结果或能表示值的抽象概念，是编程中非常重要的一个知识点。对于初学者来说，可以把变量理解为装数据的杯子。普通变量只能存放一个数据，而列表变量可以存放多个数据。

扫一扫，看视频

8.1 变量指令与功能说明

在 Scratch 中，变量指令积木与功能说明见表 8-1。

表 8-1 变量指令积木与功能说明

序　号	积　木	功能说明
1	我的变量	使用变量
2	将 我的变量 ▾ 设为 0	设置变量的值
3	将 我的变量 ▾ 增加 1	改变变量的值
4	显示变量 我的变量 ▾　　隐藏变量 我的变量 ▾	显示与隐藏变量

8.2 变量的建立

在使用变量前需要先建立变量。建立变量后，一般是先设置变量的初始值，在后面的程序中根据需要修改变量的值或者使用变量的值。

8.2.1 建立变量

建立变量的步骤如下。

第 1 步：点击"建立一个变量"按钮，如图 8-1 所示。

图 8-1　点击"建立一个变量"按钮

第 2 步: 打开如图 8-2 所示的"新建变量"对话框,在"新变量名"文本框中填写变量名,在此填写变量名 a。变量名可以是字母,也可以是汉字,一般情况下使用字母。

图 8-2　填写新变量名

第 3 步: 输入变量名后,点击"确定"按钮即可完成建立变量,如图 8-3 所示。

图 8-3　完成建立变量 a

8.2.2　公有变量

在 Scratch 中,变量分为公有变量和私有变量。公有变量就是所有角色都可以使用的变量,如果项目中有三个角色,这三个角色都可以使用该变量。在"新建变量"对话框中填写变量名时,选中"适用于所有角色"单选按钮,就是建立公有变量,如图 8-4 所示。

图 8-4　建立公有变量

8.2.3　私有变量

私有变量就是某一个角色独有的变量，其他角色无法使用。在填写变量名时，选中"仅适用于当前角色"单选按钮，就是建立私有变量，如图 8-5 所示。

图 8-5　建立私有变量

8.3　变量的值

建立变量的目的是用变量存放数据，变量的值是可以改变的。存放的数据类型包括整数、小数、汉字和字母等。用得最多的是使用变量存放整数。

8.3.1　设置变量的值

建立变量以后，就可以用变量存放数据，存放数据也就是设置变量的值，该指令如图 8-6 所示。

图 8-6　设置变量的值指令

【示例 8-1】

让小猫说出 1、2、3、4、…、100，如果不使用变量的方式，可能要编写 100 多条指令，非常麻烦，如果使用变量的方式，变得非常简单，示例程序如图 8-7 所示。

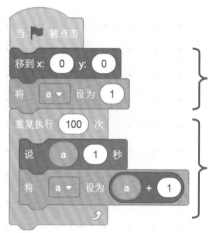

设置小猫在舞台的中心位置，设置变量 a 的值为 1

重复执行 100 次：每次小猫说变量 a 的值 1 秒，然后变量 a 的值加 1 后再赋给变量 a，实现变量 a 的值加 1

图 8-7 示例 8-1 的程序

程序编写完成后，点击绿旗执行程序，执行结果如图 8-8 所示，小猫说出 1、2、3、…，一直说到 100。

图 8-8 示例 8-1 的程序执行结果

8.3.2 改变变量的值

改变变量的值指令如图 8-9 所示，该指令可以在变量原有值的基础上增加或者减少一定的值，填写正数时变量的值增加，填写负数时变量的值减少。

图 8-9　改变变量的值指令

【**示例 8-2**】

同样是让小猫说出 1、2、3、4、…、100，这次使用图 8-9 中的指令，示例程序如图 8-10 所示。

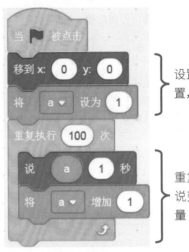

图 8-10　示例 8-2 的程序

程序编写完成后，点击绿旗执行程序，执行结果如图 8-11 所示，与示例 8-1 一样，小猫正确地说出 1、2、3、…，一直说到 100。

图 8-11　示例 8-2 的程序执行结果

8.3.3　显示与隐藏变量

显示与隐藏变量指令如图 8-12 所示，一般情况下选择隐藏变量。只有在调试程序时才选择显示变量，这样在程序的执行过程中可以观察到变量的变化。

图 8-12　显示变量与隐藏变量指令

实例 8-1：数列求和

像 1、2、3、4、5、6 这样的数列称为等差数列，因为后面一项减去前面一项的差都是相等的（见图 8-13）。

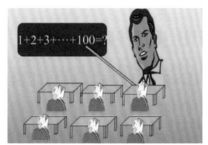

图 8-13　数列求和

【实例说明】

在前面的示例中学习了变量，接下来通过变量实现对数列求和。

【编程说明】

使用 Scratch 编程，求 1+2+3+…+100 的和，程序如图 8-14 所示。

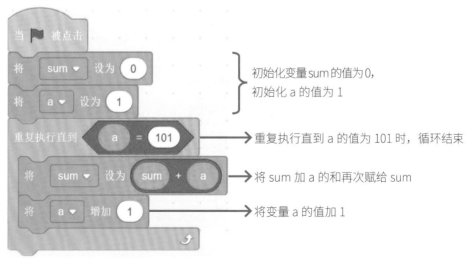

图 8-14　实例 8-1 的数列求和程序

【程序执行结果】

程序编写完成后,点击绿旗执行程序。小猫说出 1+2+3+4+…+100 的和为 5050,如图 8-15 所示。

图 8-15　实例 8-1 的程序执行结果

 ## 8.4　列表

什么是列表呢? 列表是一种特殊的变量,也是用来存放数据的。之前学习的变量中只能存放一个数据,而列表中可以存放多个数据。

8.4.1　建立列表变量

在使用列表前也需要先建立列表。建立列表的步骤如下。

第 1 步: 在变量指令下,点击"建立一个列表"按钮,如图 8-16 所示。

图 8-16　点击"建立一个列表"按钮

第 2 步： 打开如图 8-17 所示的"新建列表"对话框，填写列表名 b，点击"确定"按钮。

图 8-17　填写列表名

第 3 步： 点击"确定"按钮后，列表 b 即创建成功。在指令积木区可以看到与列表 b 相关的指令，如图 8-18 所示。

图 8-18　与列表 b 相关的指令

8.4.2　列表指令与功能说明

成功建立列表后，列表中的每个指令又有什么作用呢？列表指令积木与功能说明见表 8-2。

表 8-2　列表指令积木与功能说明

序　号	积　　木	功能说明
1	b	使用列表
2	将 东西 加入 b ▼	把数据加入列表中
3	删除 b ▼ 的第 1 项	删除列表中的指定项
4	删除 b ▼ 的全部项目	删除列表中的所有项目
5	在 b ▼ 的第 1 项前插入 东西	把数据插入列表的指定位置
6	将 b ▼ 的第 1 项替换为 东西	修改列表中指定位置的项目

8.5　列表的使用

在 8.4 节中已经建立了列表，本节通过示例讲解列表的使用方法，主要包括添加列表项目、删除列表项目、修改列表项目与查看列表项目等。

8.5.1　添加列表项目

列表是用来存放数据的，那么如何把需要的数据加入列表中呢？可以使用如图 8-19 所示的指令实现，把需要加入的数据填到白色椭圆形中即可。

图 8-19　把数据加入列表中指令

【示例 8-3】

建立一个列表，如何把 1、3、5、7、…、99 加入列表中呢？示例程序如图 8-20 所示，先建立变量 a 和列表 b，变量 a 的初始值为 1，删除列表 b 中的所有项目。在循环中判断，如果变量 a 是奇数，就将其加入列表 b 中，重复执行，直到 a 大于 99。

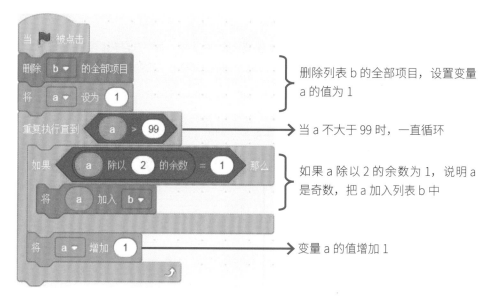

图 8-20　把 1 到 99 中的奇数加入列表中

编写完程序后，点击绿旗执行程序，结果如图 8-21 所示。在舞台左上方有一个列表，显示列表的长度为 50，拖动滑块可以看到列表中的每个项目。

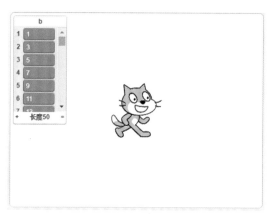

图 8-21　示例 8-3 的程序执行结果

8.5.2　删除列表中的指定项

列表的使用不仅仅是往列表中添加项目，有时也需要从列表中删除项目。删除列表中的指定项指令如图 8-22 所示。

图 8-22　删除列表中的指定项指令

【示例 8-4】

列表中有 1、3、5、7、9 共 5 个项目，现在要删除第 3 项。示例程序如图 8-23 所示，先把 1、3、5、7、9 这 5 个数加入列表 b 中，等待 1 秒后，删除列表 b 中的第 3 项。

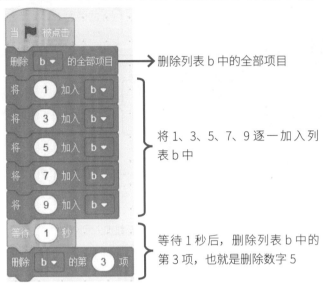

图 8-23　示例 8-4 的程序

编写完程序后，点击绿旗执行程序，结果如图 8-24 所示。开始时列表中有 5 个项目，分别是 1、3、5、7、9，等待 1 秒后，列表中的第 3 项数字 5 被删除了，剩下 1、3、7、9。

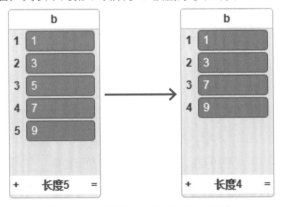

图 8-24　示例 8-4 的程序执行结果

8.5.3　删除列表中的指定值

Scratch 中没有提供删除指定值的指令，那么如何删除列表中的指定值呢？例如，列表中有 1、3、5、7、9，想要删除 7 这个数。可以使用遍历列表的方法，一个一个地比较列表中的数，如果列表中的数刚好等于 7，就把该值删除。

【示例 8-5】

示例程序如图 8-25 所示，先把 1、3、5、7、9 这 5 个数加入列表 c 中，然后重复执行直到值等于 7 指令来遍历列表 c。

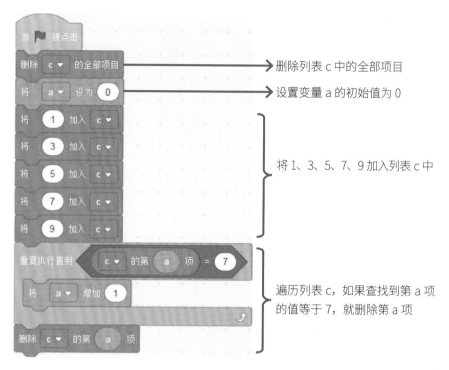

图 8-25　示例 8-5 的程序

编写完程序后，点击绿旗执行程序，结果如图 8-26 所示。开始时列表中被添加了 5 个项目，然后值为 7 的第 4 项被删除了。

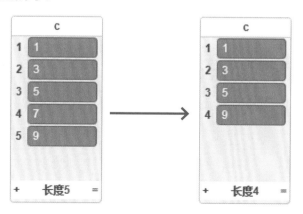

图 8-26　示例 8-5 的程序执行结果

167

8.5.4 修改列表项目

除了添加和删除列表项目外，还可以对列表中的项目进行修改。修改列表项目指令如图 8-27 所示，即将指定的项目替换为指定值。

图 8-27 修改列表项目指令

【示例 8-6】

列表原有项目为 1、2、3 共 3 项，现在把第 2 项修改为 16，示例程序如图 8-28 所示。

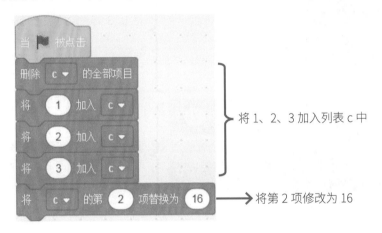

将 1、2、3 加入列表 c 中

将第 2 项修改为 16

图 8-28 示例 8-6 的程序

编写完程序后，点击绿旗执行程序，结果如图 8-29 所示。开始时列表中被添加了 3 个项目，分别是 1、2、3，将第 2 项修改为 16 后，列表中的项目为 1、16、3。

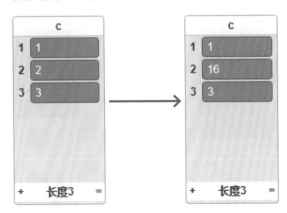

图 8-29 示例 8-6 的程序执行结果

8.5.5　查看列表项目的编号

如果想知道一个数在列表中的位置，可以使用查看列表项目的编号指令，如图 8-30 所示。值得注意的是，如果在列表中有两个相同的数，只能查看第一个数的编号。

图 8-30　查看列表项目的编号指令

【示例 8-7】

在一个列表中有苹果、香蕉、桃子、梨子 4 种水果，让小猫说出桃子在第几项，示例程序如图 8-31 所示。

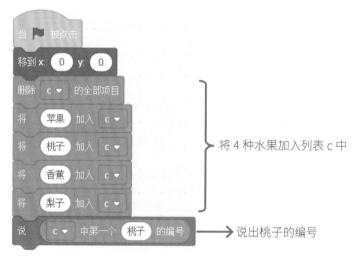

图 8-31　示例 8-7 的程序

编写完程序后，点击绿旗执行程序，结果如图 8-32 所示，小猫正确地说出桃子在列表 c 中的编号为 2。

图 8-32　示例 8-7 的程序执行结果

169

8.5.6 查看列表的项目总数

当列表中的项目比较少时，可以轻松地看出列表的项目总数。如果一个列表很长，如何知道该列表的项目总数呢？可以通过如图 8-33 所示的指令，轻松获取列表的项目总数。

图 8-33 查看列表的项目总数指令

实例 8-2：双色球彩票

一注双色球彩票由 6 个红球号码和 1 个蓝球号码组成，红球号码在 1 到 33 之间，共 33 个，蓝球号码在 1 到 16 之间，共 16 个。注意，6 个红球号码不能重复，蓝球号码可以和红球号码重复（见图 8-34）。

奖级	中奖条件	图示	奖金
一等奖	中6红+1蓝	●●●●●● ●	浮动
二等奖	中6红	●●●●●●	浮动
三等奖	中5红+1蓝	●●●●● ●	3000元
四等奖	中5红或 中4红+1蓝	●●●●● ●●●● ●	200元
五等奖	中4红或 中3红+1蓝	●●●● ●●● ●	10元
六等奖	中2红+1蓝或 中1红+1蓝或 中1蓝	●●● ●● ● ●	5元

图 8-34 双色球中奖规则

【实例说明】

一般彩票售卖点都有一台自动生成彩票的机器，可以随机生成一注或多注彩票。现编写一段 Scratch 程序，实现随机生成彩票的功能。

【实现方法】

可以使用列表先把所有的红球号码存起来，然后按照一定的规则从列表中取出。具体的编程步骤如下。

第 1 步：该实例的程序比较长，在此分为两段，第一段程序如图 8-35 所示，该段程序的功能是完成准备工作，把 1 到 33 的红球号码放入列表 red 中。

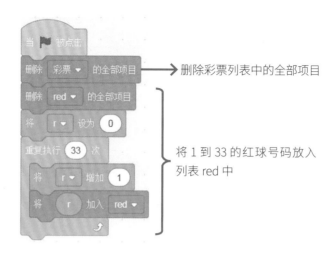

图 8-35　第一段程序

第 2 步: 第二段程序如图 8-36 所示,该段程序的功能是:从 1 到 33 的红球号码中随机选择 6 个不同的号码,从 1 到 16 的蓝球号码中随机选择 1 个号码,把这 7 个号码放入彩票列表中,最后小猫说出彩票列表的全部信息。

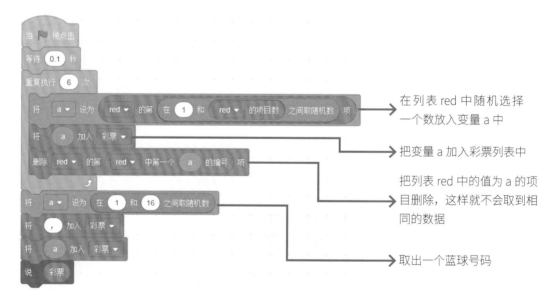

图 8-36　第二段程序

【程序执行结果】

编写完程序后,点击绿旗执行程序,结果如图 8-37 所示,小猫说出了一注完整的双色球彩票号码。

图 8-37 实例 8-2 的程序执行结果

总结与练习

【本章小结】

本章详细地学习了变量与列表的相关知识，包括变量的建立与变量的使用，列表的建立与列表的使用。在 Scratch 中，变量可以理解为只能装一个数据的杯子，而列表可以理解为能够装多个数据的杯子。列表涉及的知识较多，包括建立列表、把数据放入列表、从列表中取出数据、删除列表中的数据等。

【巩固练习】

一、选择题

1. 如图 8-38 所示，程序执行后，列表 a 中有（   ）个数据。

图 8-38 程序 1

A. 7　　　　　　B. 8　　　　　　C. 9　　　　　　D. 10

2. 如图 8-39 所示，程序执行后，变量 b 的值是（　　）。

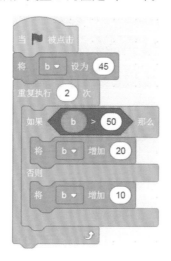

图 8-39　程序 2

A. 45　　　　　　B. 65　　　　　　C. 75　　　　　　D. 85

二、编程题

编写一段程序，求数列 2-3+4-5+6-7+…+98-99 的结果，并让小猫说出计算结果。

第 9 章

侦测指令
——检测条件是否成立

📖 **本章导读**

　　Scratch 中的侦测功能就像人的耳朵和眼睛，用来感知外界的物体和声音。当听到上课铃声响起时，学生就走进教室准备上课；当看到路口红灯亮起时，人们就会停下脚步，等待信号灯变绿。

扫一扫，看视频

9.1 侦测指令与功能说明

侦测指令在控制指令下方，呈蓝色。侦测指令包括检测是否按下按键、是否按下鼠标、角色之间是否发生碰撞、角色是否碰到某种颜色、获取计时器的值等。通过侦测指令的使用，在包含多个角色的项目中将更加得心应手。侦测指令积木与功能说明见表 9-1。

表 9-1　侦测指令积木与功能说明

序 号	积 木	功能说明
1	碰到 鼠标指针 ▼ ？	检测角色是否碰到鼠标
2	碰到颜色 ● ？	检测角色是否碰到某种颜色
3	颜色 ○ 碰到 ○ ？	检测两种颜色是否碰到
4	到 鼠标指针 ▼ 的距离	获取角色到鼠标的距离
5	询问 What's your name? 并等待　回答	询问与获取用户输入
6	按下 空格 ▼ 键？	检测是否按下某个按键
7	按下鼠标？	检测是否按下鼠标
8	鼠标的x坐标　鼠标的y坐标	获取鼠标的坐标
9	计时器　计时器归零	获取计时器的值和计时器归零
10	响度	获取外界的声音大小
11	舞台 ▼ 的 背景编号 ▼	获取舞台的背景编号
12	当前时间的 年 ▼	获取当前日期和时间
13	2000年至今的天数	获取 2000 年至今的天数

9.2 键盘与鼠标

在使用计算机时，离不开键盘与鼠标。操作系统判断是否按下键盘与鼠标，执行相关的操作任务。同样也可以在 Scratch 程序中通过按键或者鼠标控制角色的动作。

9.2.1 按下鼠标

在拖动指令积木时，Scratch 就做了一个对鼠标是否被按下的判断：当鼠标被按下并且鼠标碰到指令积木时，该积木会被鼠标拖动。检测是否按下鼠标指令如图 9-1 所示。

图 9-1　检测是否按下鼠标指令

【示例 9-1】

编写一段程序，当按下鼠标时，小猫说"你按了鼠标"，否则什么也不说。示例程序如图 9-2 所示。

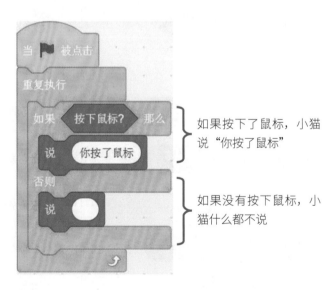

图 9-2　检测是否按下鼠标

程序编写完成后，点击绿旗程序执行，当按下鼠标时，小猫说"你按了鼠标"，如图 9-3 所示，否则小猫什么也不说。

图 9-3　示例 9-1 的程序运行结果

9.2.2　按下按键

在第 6 章中，学过把按下按键作为触发事件来执行程序。这里学习的检测是否按下按键指令与之前有很大的区别，如图 9-4 所示。检测是否按下按键指令必须和判断指令结合使用，不能放在程序的开始处。

图 9-4　检测是否按下按键指令

【示例 9-2】

编写一段程序，通过方向键控制箭头的转动，示例程序如图 9-5 所示。在系统的角色库中导入 Arrow1 角色。

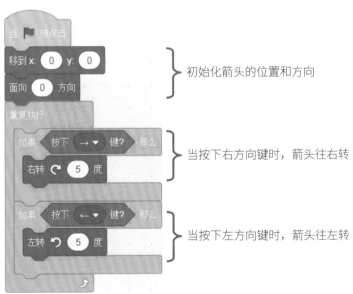

图 9-5　示例 9-2 的程序

程序编写完成后，点击绿旗执行程序。当按下左方向键时，箭头往左转动，如图 9-6 所示；当按下右方向键时，箭头往右转动，如图 9-7 所示。

图 9-6　箭头往左转动　　　　　　　　　图 9-7　箭头往右转动

9.2.3　获取鼠标的坐标

在平时使用计算机时，当鼠标移动到某个位置时，软件就会弹出菜单或者发出声音。这是怎么做到的呢？答案就是判断鼠标的位置是否在某个区域内，可以通过如图 9-8 所示的获取鼠标的坐标指令实现。

图 9-8　获取鼠标的坐标指令

实例 9-1：换装游戏

女孩都比较喜欢换装游戏，游戏中有各式各样的衣物、包包、鞋子、帽子等，玩家可以使用这些东西，把女主角打扮成各种样子，如图 9-9 所示。

图 9-9　换装游戏界面

【实例说明】

通过 Scratch 编程实现一个简单的换装游戏，所需角色如图 9–10 所示。编写一段程序，当点击裤子、帽子和 T 恤时，这些衣服就会"穿"在这个小孩身上。

图 9–10　换装游戏的角色

【实现方法】

第 1 步： 编写小孩的程序，如图 9–11 所示。

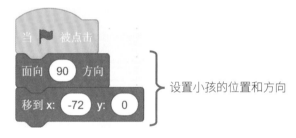

图 9–11　小孩的程序

第 2 步： 编写裤子的程序，如图 9–12 所示。

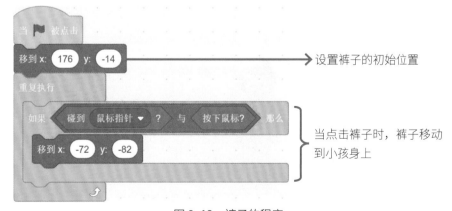

图 9–12　裤子的程序

第 3 步：编写衣服的程序，如图 9-13 所示。

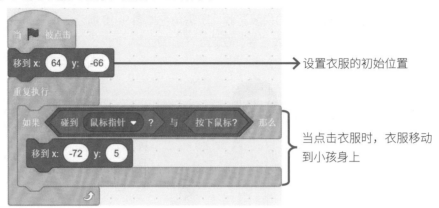

设置衣服的初始位置

当点击衣服时，衣服移动
到小孩身上

图 9-13　衣服的程序

第 4 步：编写帽子的程序，如图 9-14 所示。

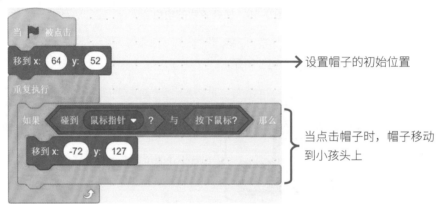

设置帽子的初始位置

当点击帽子时，帽子移动
到小孩头上

图 9-14　帽子的程序

【程序执行结果】

程序编写完成后，点击绿旗程序执行。分别点击裤子、衣服、帽子，这些衣物就都"穿"在
小孩的身上，如图 9-15 所示。

图 9-15　实例 9-1 的程序执行结果

9.3 相遇检测

在 Scratch 游戏开发中，经常会遇到相遇检测，分为一个角色是否碰到另一个角色，一个角色是否碰到了某种颜色，一种颜色是否碰到了某种颜色。

9.3.1 两个角色的碰撞检测

在 Scratch 编程中经常遇到两个角色的碰撞检测。例如，在射击游戏中，判断子弹是否击中敌人，就是通过检测子弹与敌人这两个角色是否碰撞。两个角色的碰撞检测指令如图 9-16 所示，也可以用来检测角色是否碰到鼠标。

图 9-16　两个角色的碰撞检测指令

【示例 9-3】

编程实现小猫吃水果，即小猫从左往右运动的过程中，会依次碰到香蕉、苹果、橘子三种水果，小猫碰到哪种水果，该水果就消失，表示被小猫吃掉了，如图 9-17 所示。

图 9-17　小猫吃水果

第 1 步：编写小猫的程序，如图 9-18 所示，小猫从左往右运动，依次吃掉三种水果并说出吃的是哪种水果。

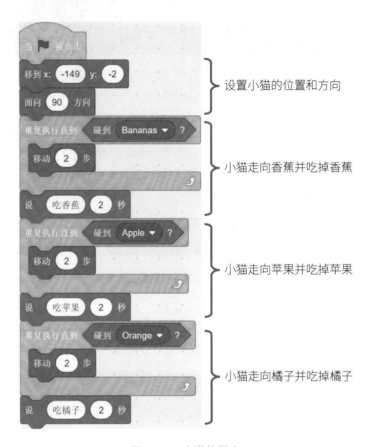

图 9-18 小猫的程序

第 2 步：分别编写香蕉、苹果和橘子的程序，如图 9-19 ～图 9-21 所示。

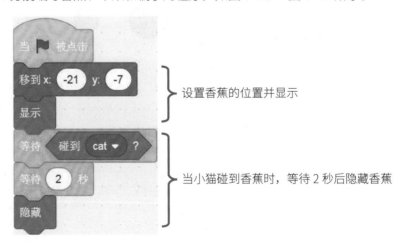

图 9-19 香蕉的程序

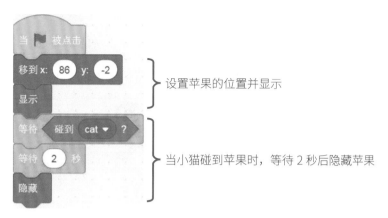

图 9-20　苹果的程序

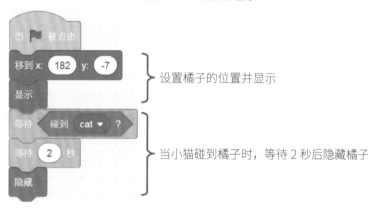

图 9-21　橘子的程序

　　程序编写完成后，点击绿旗执行程序。如图 9-22 ～图 9-24 所示，小猫从左往右运动，碰到香蕉时说"吃香蕉"，然后香蕉消失；碰到苹果时说"吃苹果"，然后苹果消失；最后碰到橘子时说"吃橘子"，然后橘子消失。

图 9-22　小猫吃香蕉

图 9-23　小猫吃苹果

图 9-24　小猫吃橘子

9.3.2　角色与颜色碰撞检测

角色与某种颜色碰撞检测指令如图 9-25 所示，可以自行设置颜色，也可以通过取色笔提取舞台上的颜色。

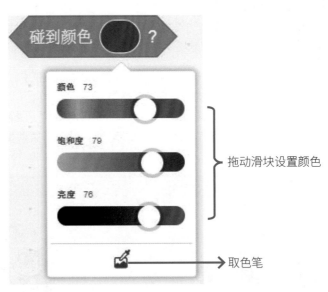

图 9-25　角色与颜色碰撞检测指令

【示例 9-4】

还是以 9.3.1 节中的小猫吃水果为例，这次使用角色与颜色碰撞检测指令完成。使用取色笔分别提取三种水果的颜色，如图 9-26 ～图 9-28 所示。

图 9-26　提取香蕉的颜色

图 9-27　提取苹果的颜色

图 9-28　提取橘子的颜色

编写小猫的程序，小猫从左往右运动，碰到某种颜色时，则表示吃掉该颜色对应的水果，如图 9-29 所示。

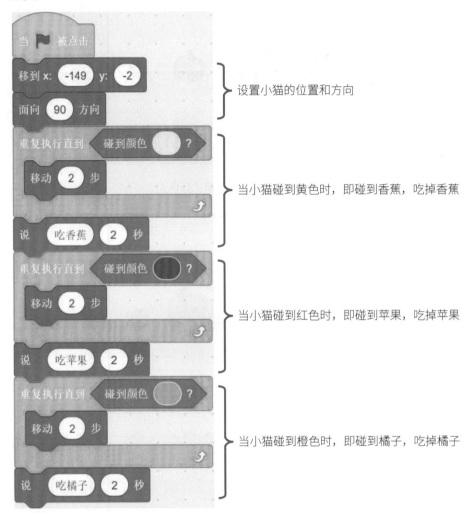

图 9-29　示例 9-4 中小猫的程序

9.3.3　两种颜色碰撞检测

两种颜色碰撞检测指令如图 9-30 所示，可以通过该指令判断一种颜色是否碰撞到了另一种颜色。

图 9-30　两种颜色碰撞检测指令

实例 9-2：别碰方块

【实例说明】

编写一段程序，程序执行后，游戏界面如图 9-31 所示。通过方向键控制小猫的移动，小猫要避免碰到红色方块，如果碰到红色方块，则回到出发点；当小猫到达右边的绿色方块时，说"我成功了！"。

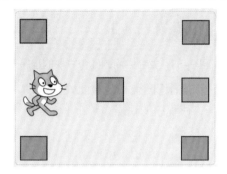

图 9-31　别碰方块游戏界面

【实现方法】

图 9-31 的游戏界面由两个角色组成：小猫和方块。其中方块角色需要自己绘制，在此把 6 个方块绘制在一个角色中，通过颜色检测判断是否碰到红色方块或绿色方块。

第 1 步： 按图 9-31 所示的位置分别绘制红色和绿色方块，如图 9-32 所示。

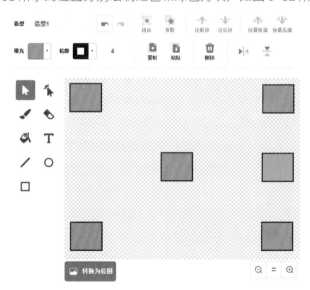

图 9-32　绘制红色和绿色方块

第 2 步： 编写各个方块的程序，方块的程序非常简单，只需把方块放置在合适的位置即可。在此以舞台中间的红色方块为例，程序如图 9-33 所示。其他红色方块和绿色方块的程序只需修改为对应位置即可。

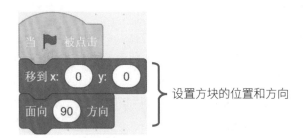

图 9-33　舞台中间的红色方块的程序

第 3 步：编写小猫的程序，小猫的程序较长，在此分为两段，第一段程序的功能为按键控制小猫的移动，如图 9-34 所示；第二段程序的功能为判断小猫与方块的碰撞，如图 9-35 所示。

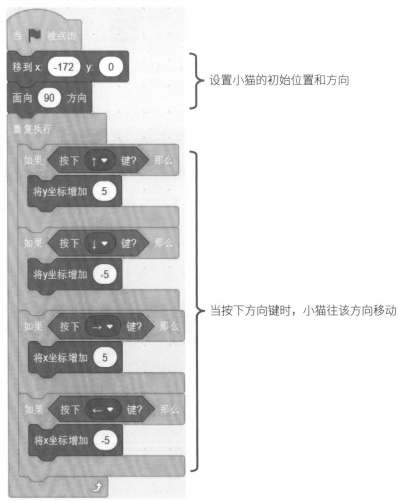

图 9-34　按键控制小猫的移动

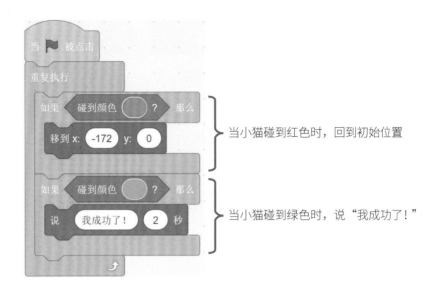

图 9-35　检测小猫与方块的碰撞

【程序执行结果】

　　程序编写完成后，点击绿旗执行程序。当操控方向键让小猫碰到红色方框时，小猫回到出发点；当操控方向键让小猫碰到绿色方框时，小猫说"我成功了！"，如图 9-36 所示。

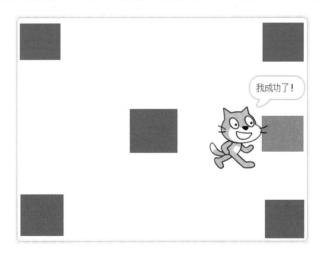

图 9-36　实例 9-2 的程序执行结果

9.4　询问与回答

　　在 Scratch 中，可以通过询问指令让用户输入数据，输入的数据存放在回答指令中。询问与回答指令如图 9-37 所示。

图 9-37　询问与回答指令

9.4.1　询问指令

执行询问指令后，程序会停顿在此，等待用户输入数据，当用户输入完成后，程序才会继续执行下面的指令。

【示例 9-5】

小猫询问用户的名字，当用户输入完成后，小猫开始转圈，示例程序如图 9-38 所示。

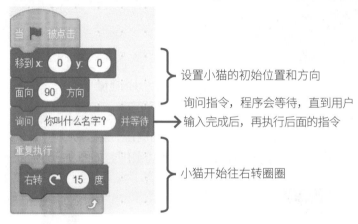

图 9-38　示例 9-5 的程序

程序编写完成后，点击绿旗执行程序。小猫并没有转圈，而是一直在等待用户输入数据，如图 9-39 所示。在输入框中输入数据后，点击右边的按钮，如图 9-40 所示。

图 9-39　示例 9-5 的程序执行结果

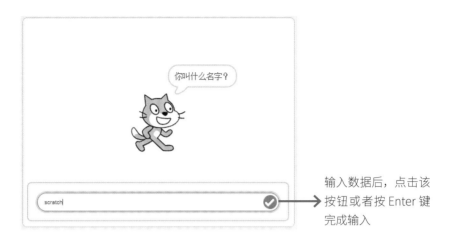

输入数据后，点击该
按钮或者按 Enter 键
完成输入

图 9-40　输入数据

9.4.2　回答指令

在示例 9-5 中，当用户输入名字后，怎样查看用户输入的数据呢？其实用户输入的数据都存放在回答指令中。

【示例 9-6】

同样还是小猫询问用户的名字，当用户输入名字 ××× 后，小猫说"×××，你好"，示例程序如图 9-41 所示。

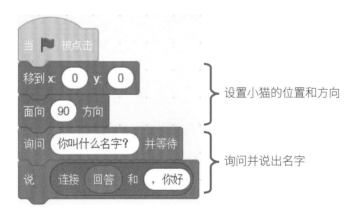

图 9-41　示例 9-6 的程序

程序编写完成后，点击绿旗执行程序。如图 9-42 所示，程序在等待用户输入名字。

图 9-42　等待用户输入名字

用户输入名字 scratch 后，小猫说出"scratch，你好"，如图 9-43 所示。

图 9-43　小猫说出用户输入的名字

实例 9-3：是对还是错

【实例说明】

　　小猫随机说出一个加、减、乘、除的运算式，用户通过输入数据作答，然后小猫说出用户的回答是否正确，如果错误，则告诉用户正确答案。

【实现方法】

　　生成两个 10 ～ 100 的随机数，分别赋给变量 a 和变量 b。使用询问指令询问变量 a 加变量 b 的和，等待用户输入数据，然后判断用户输入的数据是否等于变量 a 加变量 b 的和，如果相等，则说"回答正确"；否则说"回答错误，正确答案是 ×××"。实例 9-3 的程序如图 9-44 所示。

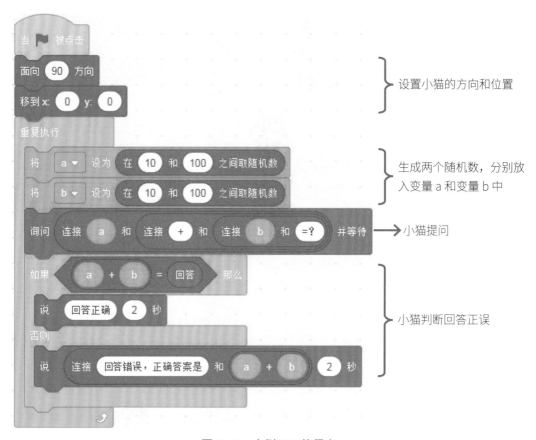

设置小猫的方向和位置

生成两个随机数，分别放入变量 a 和变量 b 中

小猫提问

小猫判断回答正误

图 9-44　实例 9-3 的程序

【程序执行结果】

程序编写完成后，点击绿旗执行程序。如图 9-45 所示，程序在等待用户输入。

图 9-45　小猫出题，用户回答 1

用户输入 118 后，点击后面的确认按钮，小猫判断其回答正确，如图 9–46 所示。

图 9–46　用户回答正确

当小猫出题"52+30=？"时，用户输入 81，如图 9–47 所示，点击后面的确认按钮。小猫提示回答错误，并说出正确答案是 82，如图 9–48 所示。

图 9–47　小猫出题，用户回答 2

图 9–48　用户回答错误

9.5 计时器与响度

在第 6 章中学习了计时器和响度，当计时器的值或者响度大于一定值时，就触发一段程序。在侦测指令中，也有计时器和响度相关的指令，与在事件中不同，它们并不是作为触发指令。

9.5.1　计时器

与计时器相关的指令如图 9–49 所示，共有两个：获取计时器的值和计时器归零指令。当点击绿旗时，计时器会自动归零。在 Scratch 编程中，有时需要在程序的执行过程中将计时器清零，这时可以使用计时器归零指令。

图 9-49　与计时器相关的指令

【示例 9-7】

编写一段程序，让小猫数数，每隔 1 秒数一次，示例程序如图 9-50 所示。

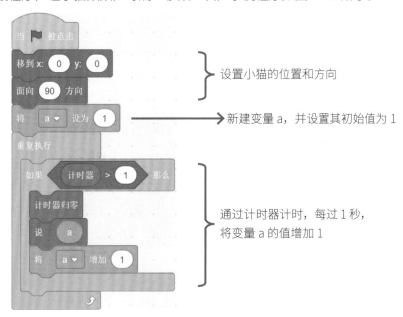

图 9-50　示例 9-7 的程序

程序编写完成后，点击绿旗执行程序，如图 9-51 所示。

图 9-51　示例 9-7 的程序执行结果

9.5.2 获取当前响度

获取当前响度指令如图 9-52 所示，它是一个数字类型的指令，既可以使用该指令与某一数值比较，也可以让角色说出响度的值。

图 9-52 获取当前响度指令

实例 9-4：躲避大陨石

"躲避大陨石"是一款冒险闯关的休闲游戏，玩家可以在闯关中灵活地操作自己的人物，尽情地打发时间，展现不一样的玩法方式，努力在危险的世界中生存。躲避大陨石游戏界面如图 9-53 所示。

图 9-53 躲避大陨石游戏界面

【实例说明】

使用 Scratch 编程，完成"躲避大陨石"游戏的开发，该游戏的运行界面如图 9-54 所示。随着游戏时间的增加，陨石也会不断地增多，并且在舞台上自由地运动。用户通过方向键控制小猫移动以躲避陨石，如果陨石碰撞到小猫，则游戏结束，小猫说出游戏的运行时间。

图 9-54 游戏的运行界面

【实现方法】

第 1 步: 以小球代替陨石角色,导入小猫和小球角色,然后导入太空背景 Galaxy。背景和角色导入完成后,就开始编写程序。

第 2 步: 编写小球的程序,考虑到小球会越来越多,因此使用克隆的方式编写小球的程序。小球本体的程序如图 9-55 所示,小球克隆体的程序如图 9-56 所示。

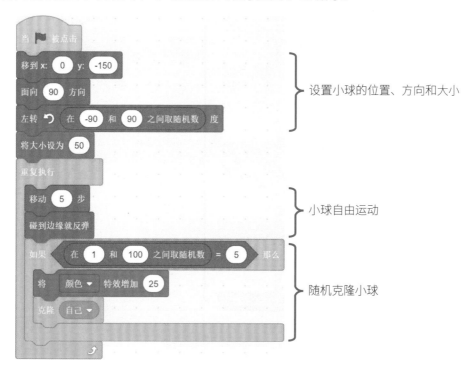

图 9-55　小球本体的程序

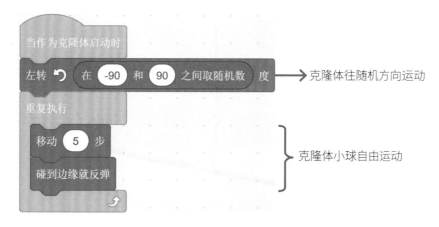

图 9-56　小球克隆体的程序

第 3 步：编写小猫的程序，小猫的程序分为两段。键盘操控小猫的程序如图 9-57 所示，检测小猫与小球碰撞的程序如图 9-58 所示。

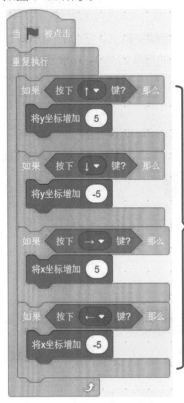

控制小猫上、下、左、右运动，以躲避小球

图 9-57　键盘操控小猫的程序

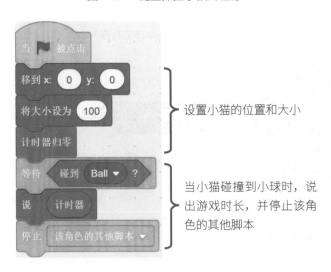

设置小猫的位置和大小

当小猫碰撞到小球时，说出游戏时长，并停止该角色的其他脚本

图 9-58　检测小猫与小球碰撞的程序

【程序执行结果】

小球和小猫的程序编写完成后，点击绿旗执行程序。如图 9-59 所示，小球不断地增多，小猫躲避小球的难度也越来越大，这次只坚持了 11.09 秒小猫就被小球撞到了。

图 9-59　实例 9-4 的程序执行结果

9.6　日期与时间

在 Scratch 编程中，与时间相关的指令除了计时器之外，还提供了获取日期和时间指令。

9.6.1　获取日期和时间

获取日期和时间指令如图 9-60 所示，点击后面白色的三角形（下拉按钮）可以选择要获取的具体信息。如图 9-61 所示，包括年、月、日、星期、时、分、秒等信息。

图 9-60　获取日期和时间指令　　　图 9-61　要获取的具体信息

Scratch
少儿编程从入门到精通（案例视频版）

【示例 9-8 】

编写一段程序，让小猫实时说出当前时间，示例程序如图 9-62 所示。

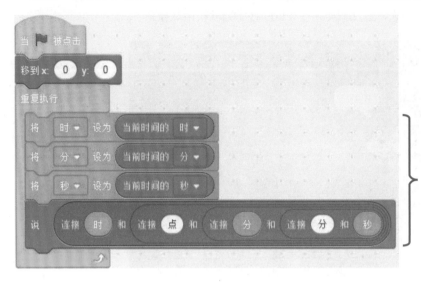

定义三个变量，分别存放时、分、秒，并把三个变量连接起来，让小猫说出时间

图 9-62 示例 9-8 的程序

程序编写完成后，点击绿旗执行程序。如图 9-63 所示，小猫说出当前时间，并且时间实时更新。

图 9-63 示例 9-8 的程序执行结果

9.6.2 获取天数

获取天数指令是指获取从 2000 年 1 月 1 日到现在的天数，该指令如图 9-64 所示。

图 9-64　获取天数指令

【示例 9-9】

编写一段程序，让小猫实时说出 2000 年 1 月 1 日到现在的天数，示例程序如图 9-65 所示。

图 9-65　示例 9-9 的程序

程序编写完成后，点击绿旗执行程序。如图 9-66 所示，小猫说出天数，但是天数中还包含小数，这是因为时间不足一个整天，因此把天数转换为小数。

图 9-66　示例 9-9 的程序执行结果

总结与练习

【本章小结】

本章详细地学习了侦测模块下的指令，常用的指令包括检测是否按下按键、是否按下鼠标、角色是否碰到某种颜色、获取计时器的值等。侦测指令常与判断指令结合使用，当检测到某种情况发生时，角色执行相应的动作。

【巩固练习】

一、选择题

1. 如图 9-67 所示，点击绿旗执行程序，当按下空格键时，角色说的是（   ）。

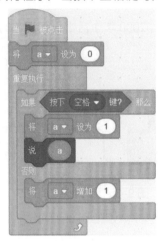

图 9-67   程序 1

A. 1   B. 2   C. 3   D. 不确定

2. 如图 9-68 所示，当点击绿旗执行程序，当按下空格键 5 次时，变量 a 的值是（   ）。

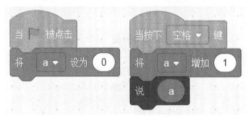

图 9-68   程序 2

A. a 的值是 3   B. a 的值是 4   C. a 的值可能是 5   D. a 的值是 5

二、编程题

编写一段程序，能够记录按下空格键的次数并让小猫说出次数。注意：按下空格键时不松开，记为一次。

第 10 章

画笔指令
——神来之笔

📖 **本章导读**

　　《神笔马良》是我国著名的童话故事，讲述了马良得到了一支神笔，马良所画的东西都能变成真的，所以他用神笔帮助普通老百姓实现愿望。在 Scratch 编程中，也有这样一支神笔——画笔指令，虽然不能把画的东西变成真的，但确实可以用画笔指令实现非常炫酷的视觉效果。

扫一扫，看视频

10.1 画笔指令与功能说明

在 Scratch 中，画笔指令积木与功能说明见表 10-1，包括擦除、抬笔、落笔、设置画笔颜色、设置画笔粗细和图章指令。

表 10-1　画笔指令积木与功能说明

序　号	积　　木	功能说明
1	全部擦除	擦除舞台上画笔画的图形
2	抬笔　落笔	抬笔时画笔离开画布 落笔时画笔接触画布
3	将笔的颜色设为 ◯	设置画笔颜色
4	将笔的 颜色▼ 设为 50 将笔的 颜色▼ 增加 10	设置画笔颜色 改变画笔颜色
5	将笔的粗细设为 1 将笔的粗细增加 1	设置画笔粗细 改变画笔粗细
6	图章	使用角色图章

10.2 画笔指令使用

在 Scratch 中，画笔不是单独存在的，画笔是角色的一个属性，使用画笔画图是通过在某个角色中使用画笔模块的指令来完成的，可以把画笔画的图形理解为角色的运动轨迹。

10.2.1 添加画笔功能模块

要使用画笔功能，首先要添加画笔功能模块，操作步骤如下。

第 1 步： 点击左下角的"添加扩展模块"按钮，如图 10-1 所示。

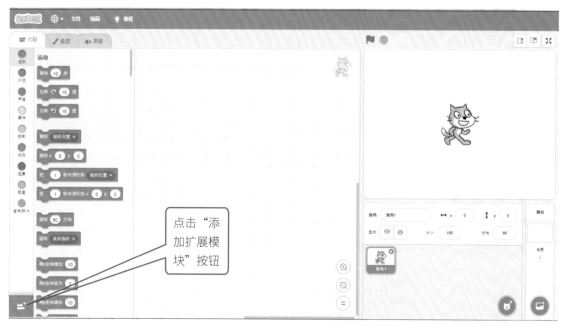

图 10-1　点击"添加扩展模块"按钮

第 2 步： 在打开的扩展模块界面中，点击"画笔"功能模块即可完成添加，如图 10-2 所示。

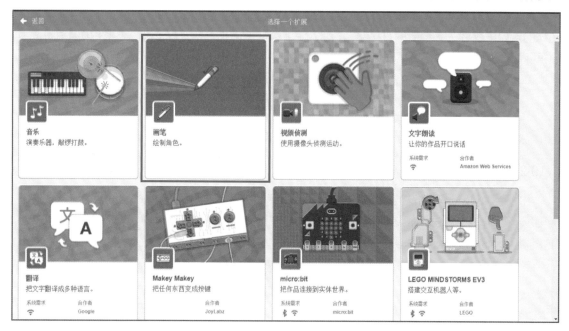

图 10-2　添加"画笔"功能模块

第 3 步: 添加完成后，便可以在指令积木区中看到画笔相关的指令积木，如图 10-3 所示。

图 10-3　成功添加画笔功能模块

10.2.2　全部擦除

每次画画时，我们都会拿出一张全新的画纸，然后在上面作画。使用 Scratch 画笔画画也是一样的，如果想要一张全新的"画纸"，可以使用全部擦除指令实现，该指令如图 10-4 所示。全部擦除指令一般在事件指令下调用，这样可以保证在程序开始执行时画纸是全新的。

图 10-4　全部擦除指令

10.2.3　抬笔与落笔

抬笔与落笔是一对相反的指令，如图 10-5 所示。抬笔就是让画笔离开画布，这时不能作画；落笔就是让画笔接触画布，这时是可以作画的。在 Scratch 中，默认为画笔是没有接触画布的，在绘制图形前应该先调用落笔指令。

图 10-5　抬笔与落笔指令

【示例 10-1】

使用抬笔和落笔指令绘制一条虚线。示例程序如图 10-6 所示，把小猫移动到舞台左边，落笔后移动 10 步，抬笔后移动 10 步，重复执行 10 次。

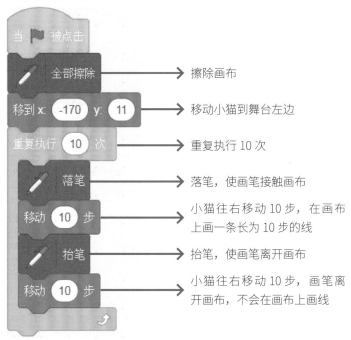

图 10-6　示例 10-1 的程序

程序编写完成后，点击绿旗执行程序，绘制出一条虚线，如图 10-7 所示。

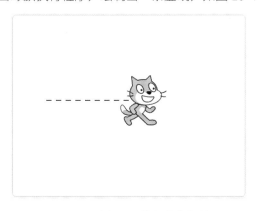

图 10-7　示例 10-1 的程序执行结果

10.2.4　设置画笔颜色

设置画笔颜色可以使用如图 10-8 所示的指令，点击红色的椭圆区域，可以设置画笔的颜色、饱和度和亮度，如图 10-9 所示。

图 10-8　设置画笔颜色指令　　　　　图 10-9　设置画笔的颜色、饱和度和亮度

【示例 10-2】

使用画笔绘制一个三角形，要求三角形的三条边的颜色分别为蓝、红、绿。示例程序如图 10-10 所示，先隐藏小猫，每设置一次颜色后移动 100 步，再左转 120 度，总共旋转三次，完成三角形的三条边的绘制。

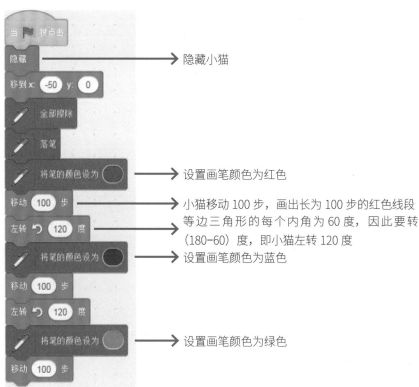

图 10-10　示例 10-2 的程序

程序编写完成后，点击绿旗执行程序，绘制出一个三条边的颜色分别为蓝、红、绿的三角形，如图 10-11 所示。

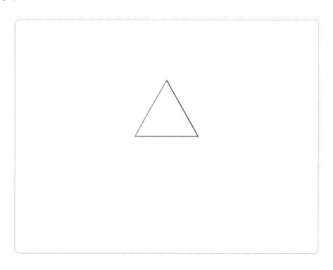

图 10-11　示例 10-2 的程序执行结果

10.2.5　改变画笔颜色

改变画笔颜色可以使用如图 10-12 所示的指令，点击"颜色"后面的下拉按钮，可以选择增加或者减少颜色、饱和度、亮度和透明度，如图 10-13 所示。本节重点讲解如何改变画笔的颜色。

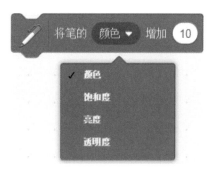

图 10-12　改变画笔颜色指令　　　　　图 10-13　改变画笔的颜色等特征

【示例 10-3】

使用画笔绘制一个正方形，要求每条边的颜色不同，与示例 10-2 中绘制的三角形类似，在此使用重复执行指令，比绘制三角形的程序更加简单，示例程序如图 10-14 所示。

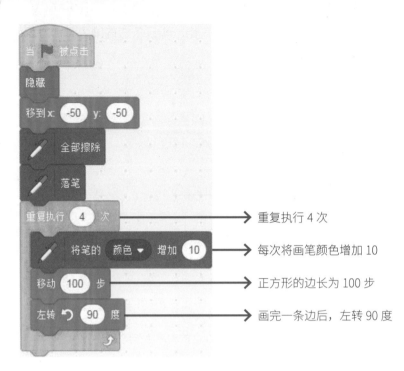

图 10-14　示例 10-3 的程序

程序编写完成后，点击绿旗执行程序，绘制出一个彩色的正方形，如图 10-15 所示。

图 10-15　示例 10-3 的程序执行结果

10.2.6　设置画笔粗细

除了可以设置画笔颜色之外，还可以设置画笔粗细，根据实际需要选择画笔的粗细程度。设置画笔粗细指令如图 10-16 所示，还有一个改变画笔粗细指令，如图 10-17 所示。

图 10-16　设置画笔粗细指令　　　　图 10-17　改变画笔粗细指令

【示例 10-4】

使用设置画笔粗细指令绘制一个类似水滴的图形，示例程序如图 10-18 所示。

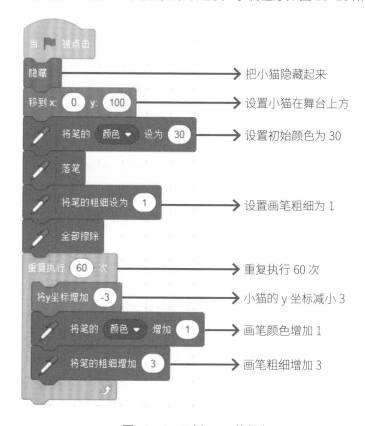

→ 把小猫隐藏起来

→ 设置小猫在舞台上方

→ 设置初始颜色为 30

→ 设置画笔粗细为 1

→ 重复执行 60 次

→ 小猫的 y 坐标减小 3

→ 画笔颜色增加 1

→ 画笔粗细增加 3

图 10-18　示例 10-4 的程序

程序编写完成后，点击绿旗执行程序，绘制出一个彩色的"水滴"图形，如图 10-19 所示。

图 10-19　彩色的"水滴"图形

实例 10-1：眩晕图

【实例说明】

你是否有过这样的经历：认真盯着某些图片时，感觉图片在动，看久了还会产生眩晕的感觉？如图 10-20 所示，就是所谓的"眩晕图"，该眩晕图由 10 个正方形组成，正方形的颜色各不相同。

图 10-20　眩晕图

【实现方法】

本节要实现的眩晕图的程序分为两段，即新积木程序和调用新积木程序。首先定义一个新积木；然后把绘制正方形的程序放置在新积木中；最后调用这个新积木，并给新积木添加两个输入项，即个数和边长。第一段的新积木程序如图 10-21 所示。

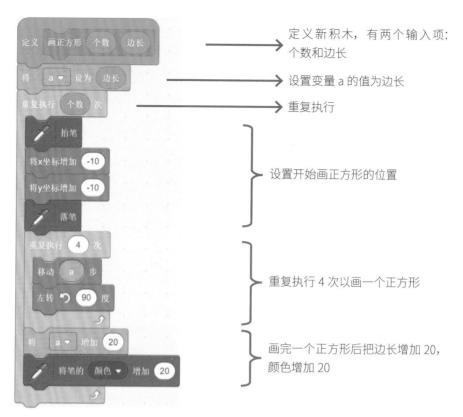

图 10-21 新积木程序

第二段的调用新积木程序如图 10-22 所示。首先初始化小猫的信息，设置小猫的位置、清空画布、设置画笔粗细；然后调用新积木，并隐藏小猫。

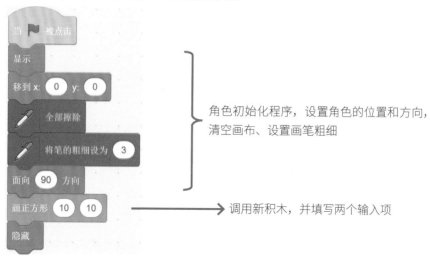

图 10-22 调用新积木程序

【程序执行结果】

程序编写完成后，点击绿旗执行程序。程序执行结果如图 10-23 所示，成功绘制出一张与实例要求相同的眩晕图。

图 10-23　实例 10-1 的程序执行结果

10.3　图章

在 Scratch 中，图章的功能与日常生活中常见的印章的功能很像。印章可以把图形印刻在纸张上，如图 10-24 所示，Scratch 中的图章指令可以把角色图片印刻在舞台上。

图 10-24　印章

10.3.1　图章指令说明

图章指令如图 10-25 所示，角色调用图章指令时，角色图片就会被印刻在舞台上。

图 10-25　图章指令

【示例 10-5】

通过图章指令把小猫印刻在舞台上，示例程序如图 10-26 所示。首先隐藏小猫，然后通过双重循环在舞台上印刻 3 行 4 列（共 12 只）小猫。

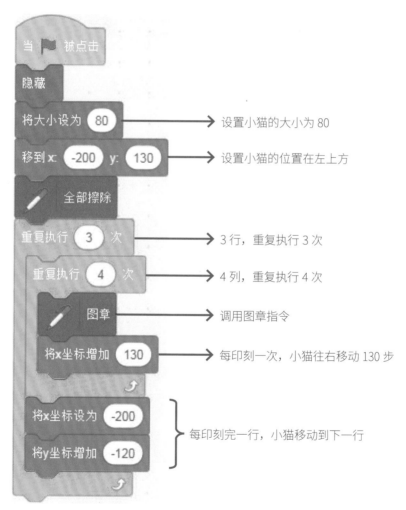

图 10-26　示例 10-5 的程序

程序编写完成后，点击绿旗执行程序，在舞台上用图章印刻出 3 行 4 列（共 12 只）小猫，如图 10-27 所示。

图 10-27　示例 10-5 的程序执行结果

10.3.2　图章与克隆的区别

图章是把角色图片印刻在舞台上，印刻的图片不能用于编程；克隆出来的克隆体类似一个角色，可以为它编写程序。

实例 10-2：小猫荡秋千

秋千的起源可以追溯到几十万年前的上古时代。那时的人们为了谋生，不得不上树采摘野果或猎取野兽。在攀缘和奔跑中，他们往往抓住粗壮的蔓生植物，依靠藤条的摇荡和摆动，上树或跨越沟涧，这是秋千最原始的雏形。将绳索悬挂于木架、下拴踏板的秋千，春秋时期在我国北方就有了，如图 10-28 所示。

图 10-28　荡秋千

【实例说明】

编写一段 Scratch 程序，实现小猫荡秋千的效果。

【实现方法】

第 1 步：添加两个角色，即小猫和画笔。通过画笔角色实现秋千的功能。小猫的程序由并行的两段程序组成，如图 10-29 和图 10-30 所示。

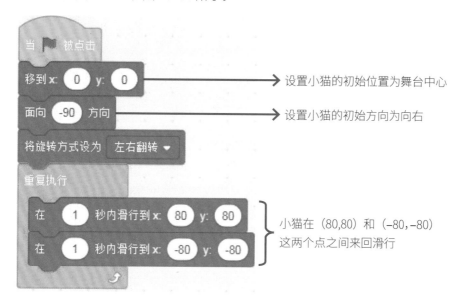

设置小猫的初始位置为舞台中心

设置小猫的初始方向为向右

小猫在（80,80）和（-80,-80）这两个点之间来回滑行

图 10-29　小猫的第一段程序

获取小猫的 x 坐标和 y 坐标，并赋给变量 x、y

图 10-30　小猫的第二段程序

第 2 步：编写完成小猫的程序后，接下来编写画笔的程序，如图 10-31 所示。

Scratch
少儿编程从入门到精通（案例视频版）

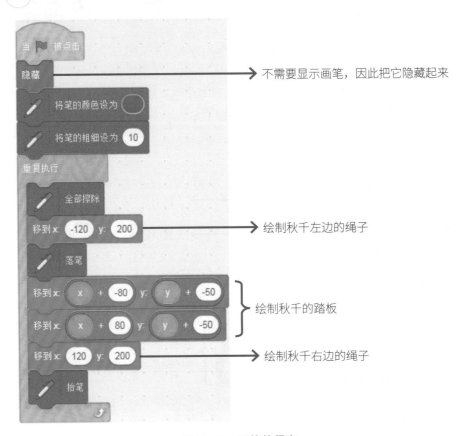

图 10-31　画笔的程序

【程序执行结果】

编写完成上面的程序后，点击绿旗执行程序，如图 10-32 所示，可以看到小猫正在快乐地荡秋千。

图 10-32　小猫荡秋千

总结与练习

【本章小结】

本章详细地学习了画笔模块下的所有指令。通过画笔可以绘制各种静态的几何图形,如三角形、正方形等,还可以绘制动态图形。绘制动态图形的难度稍大,如"实例 10-2:小猫荡秋千"中的秋千,就是通过绘制动态图形实现的。

【巩固练习】

一、选择题

1. 如图 10-33 所示,程序执行时,绘制出如图 10-34 所示的图形。图 10-33 中程序的空白处应该填写(   )。

图 10-33　程序 1

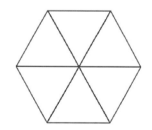

图 10-34　程序执行结果

A. 30,60　　　　　　　B. 60,60　　　　　　C. 120,60　　　　　D. 60,120

2. 如图 10-35 所示,程序执行时,如果想要绘制一个五角星的图形,程序的空白处应该填写(   )。

图 10-35　程序 2

A. 36　　　　　　　　B. 72　　　　　　　　C. 108　　　　　　　　D. 144

二、编程题

编写一段程序，使用画笔功能模块，实现小猫和小狗拉橡皮筋的效果。如图 10-36 所示，蓝色为橡皮筋，当小猫和小狗之间的距离较近时，橡皮筋比较粗；当它们之间的距离较远时，橡皮筋比较细，如图 10-37 所示。

图 10-36　距离较近时

图 10-37　距离较远时

第 11 章

自制积木
——让编程更高效

📖 **本章导读**

    在 Scratch 中，自制积木就是把完成某个固定功能的多个积木用一个积木表示，以后编程时直接使用这个积木就可以了，而不需要再编写一大段程序，这样程序会更加简洁。在其他编程语言中，这种编程方式又称为自定义函数。

扫一扫，看视频

11.1 自制新积木

自制新积木，顾名思义，就是用户自己制作一个指令积木。自制新积木包括设置新积木的名称和定义新积木的功能。

11.1.1 自制新积木的流程

自制新积木的流程和建立变量的流程相似，具体步骤如下。

第1步：点击"制作新的积木"按钮，如图 11-1 所示。

图 11-1　点击"制作新的积木"按钮

第2步：弹出"制作新的积木"对话框，在红色积木的白色方框中填写积木名称，积木名称可以是汉字，也可以是字母和数字，在此填写字母 a。点击右下角的"完成"按钮，即可完成新积木的创建，如图 11-2 所示。

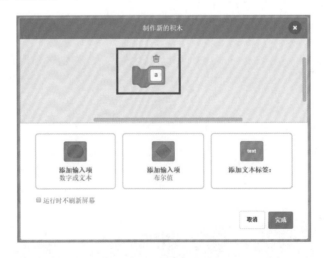

图 11-2　填写积木名称

第 3 步： 新积木制作完成后，在自制积木的指令列表中出现一个名为 a 的积木，在程序编辑区出现了"定义 a"积木，如图 11-3 所示。

图 11-3　制作完成的新积木

11.1.2　定义新积木的功能

新积木制作完成后，就要定义新积木的功能，也就是这个新积木用来干什么。例如，想要新积木 a 的功能是说"你好！"2 秒，就把该指令放在"定义 a"积木的下面，如图 11-4 所示。

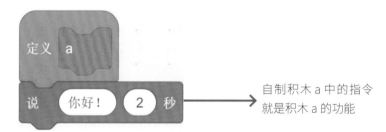

自制积木 a 中的指令
就是积木 a 的功能

图 11-4　定义新积木的功能

11.1.3　调用新积木

定义新积木的功能后，就可以使用新积木了。使用新积木又称为调用新积木，新积木的指令在指令积木区的"自制积木"选项中。

【示例 11-1】

设置小猫的初始位置为舞台中心，并设置小猫面向右方，然后调用新积木 a，示例程序如图 11-5 所示。

223

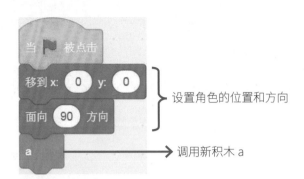

图 11-5　调用新积木 a

程序编写完成后，点击绿旗执行程序，结果如图 11-6 所示，小猫说了 2 秒"你好！"。

图 11-6　示例 11-1 的程序执行结果

实例 11-1：美丽的太阳花

太阳花又称松叶牡丹、半支莲等，属于马齿苋科。太阳花喜欢温暖、阳光充足而干燥的环境，见阳光花开，早、晚、阴天闭合，故有"太阳花""午时花"之名，如图 11-7 所示。

图 11-7　太阳花卡通图

【实例说明】

使用 Scratch 编程，绘制一朵如图 11-8 所示的太阳花，它是由多个三角形绘制而成的。

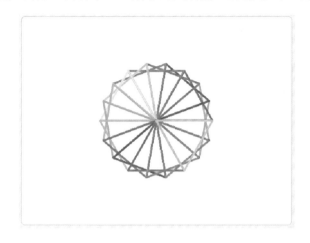

图 11-8　使用 Scratch 绘制的太阳花

【实现方法】

第 1 步：导入小猫角色，使用画笔功能绘制类似太阳花的图形。可以先绘制一个三角形，然后旋转三角形，这样多个三角形就组成了类似太阳花的图形。程序分为两段，第一段自制新积木的程序如图 11-9 所示。

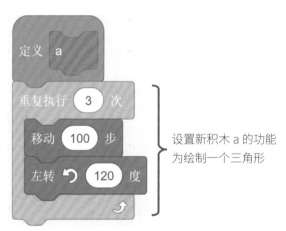

设置新积木 a 的功能
为绘制一个三角形

图 11-9　自制积木

第 2 步：定义自制积木后，就可以调用该积木了。第二段程序如图 11-10 所示，通过调用 18 次自制积木，绘制出 18 个三角形组成了太阳花。

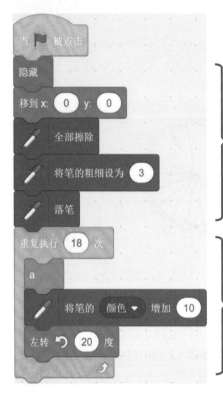

隐藏小猫角色，设置小猫在舞台中心位置。初始化画笔功能：清空画布，设置画笔粗细为3，然后落笔

重复执行18次，在重复执行指令下调用自制积木a，每执行一次自制积木指令就将画笔的颜色增加10并将小猫左转20度

图 11-10　实例 11-1 的绘制太阳花程序

【程序执行结果】

程序编写完成后，点击绿旗执行程序，一朵五颜六色的太阳花图形呈现在舞台中心，如图 11-11 所示。

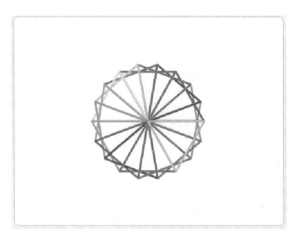

图 11-11　实例 11-1 的程序执行结果

带输入项的新积木

在 Scratch 中，还可以自制带输入项的新积木，输入项可以是一个，也可以是多个。输入项的数据类型包括数字型、文本型和布尔型。

11.2.1 添加输入项

自制一个带有两个输入项的新积木，自制该积木的步骤如下。

第 1 步：与制作不带输入项的积木相同，点击"制作新的积木"按钮，如图 11-12 所示。

图 11-12 点击"制作新的积木"按钮

第 2 步：在弹出的"制作新的积木"对话框中，填写积木名称，积木名称可以是汉字，也可以是字母和数字，在此填写汉字"加法"，如图 11-13 所示。

图 11-13 填写积木名称

第 3 步：点击左下方的"添加输入项"按钮，会在积木名称后面出现一个输入框，在此填写输入项的名称，如图 11-14 所示。

图 11-14　填写输入项的名称

第 4 步：填写输入项的名称为 a，如图 11-15 所示。

图 11-15　填写输入项的名称为 a

第 5 步：新积木要完成两个数的加法，所以该积木需要两个输入项，以同样的方法再添加一个输入项，名称为 b，如图 11-16 所示。

图 11-16　填写输入项的名称为 b

第 6 步： 点击右下角的"完成"按钮，便成功制作了带两个输入项的新积木，如图 11-17 所示。

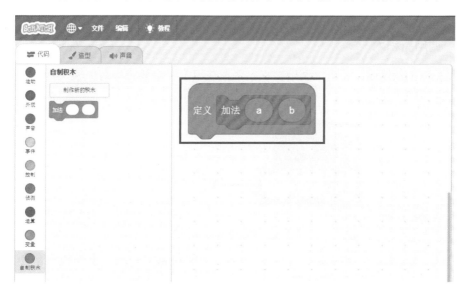

图 11-17　成功制作带两个输入项的新积木

11.2.2　输入项的使用

　　带输入项的积木与不带输入项的积木类似，唯一不同的是，带输入项的积木涉及输入项的使用。怎样使用输入项呢？如图 11-18 所示，可以通过拖动积木的方法把输入项从积木中移出，以便在程序中使用。

图 11-18　拖动积木移出输入项

11.2.3　定义新积木的功能

定义新积木的主要功能为完成两个数的加法运算，并让小猫说出它们的和，如图 11-19 所示。

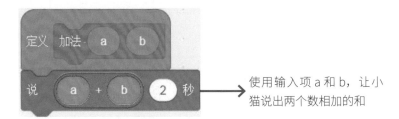

使用输入项 a 和 b，让小猫说出两个数相加的和

图 11-19　定义新积木的功能

11.2.4　调用新积木

定义新积木的功能后，就可以调用该积木了。在积木中需要填写两个输入项，分别为 35 和 67，如图 11-20 所示。

调用新积木，填写输入项的值

图 11-20　调用新积木

程序编写完成后，点击绿旗执行程序，结果如图 11-21 所示，小猫说出的 102 正是输入项 35 和 67 的和。至于如何为自制积木添加一个输入项或者多个输入项，大家可以自己尝试。

图 11-21　程序执行结果

实例 11-2：画任意多边形

【实例说明】

在第 10 章中学习了使用画笔绘制各种图形的编程方法，如绘制三角形、正方形、五边形等。在学习了自制积木后，可以把绘制多边形的程序指令用一个新积木封装起来。

【实现方法】

第 1 步： 自制一个新积木，考虑到多边形有边数和边长两个可变属性，因此把这两个属性作为新积木的输入项。在调用该积木时，根据要绘制的图形的边数和边长填写合适的值即可，如图 11-22 所示。

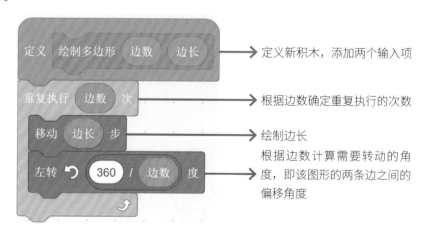

图 11-22　绘制多边形的新积木

第 2 步： 制作完成新积木后，就可以调用该积木了。使用新积木绘制多边形的程序如图 11-23 所示，调用该积木并输入参数 6 和 50，即画一个边长为 50 的六边形，重复调用该积木 6 次，总共画 6 个六边形。

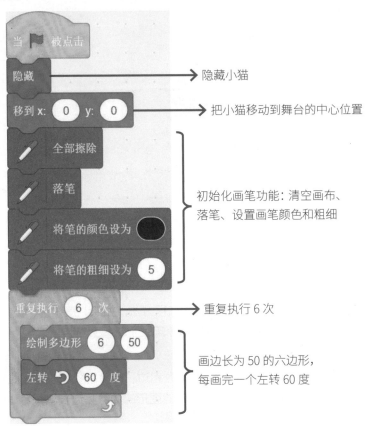

隐藏小猫

把小猫移动到舞台的中心位置

初始化画笔功能：清空画布、
落笔、设置画笔颜色和粗细

重复执行 6 次

画边长为 50 的六边形，
每画完一个左转 60 度

图 11-23　使用新积木绘制 6 个六边形

【程序执行结果】

　　程序编写完成后，点击绿旗执行程序。如图 11-24 所示，绘制了一个非常具有立体感的图形，它是由 6 个边长为 50 的正六边形组成的。

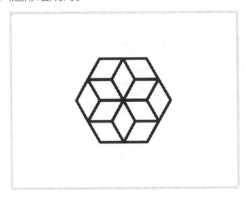

图 11-24　实例 11-2 的程序执行结果 1

如果想要画 6 个颜色不同的六边形，应该如何编写程序呢？在图 11-23 所示的程序的基础上添加一条改变画笔颜色的指令即可，每画完一个六边形就改变一次颜色，如图 11-25 所示。

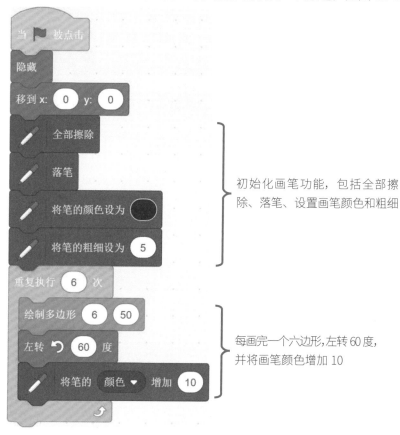

图 11-25　绘制 6 个颜色不同的六边形

程序编写完成后，点击绿旗执行程序。如图 11-26 所示，绘制了 6 个不同颜色的六边形。

图 11-26　实例 11-2 的程序执行结果 2

小提示

只有在多次调用新积木的程序中，通过自制新积木才能提高编程效率。如果一个新积木在程序中只被调用一次，就没有必要制作新积木。

11.3 积木的嵌套使用

在 Scratch 中，新积木是可以嵌套使用的。所谓嵌套，就是在新积木中还有新积木，与循环结构和分支结构的嵌套一样。

11.3.1 无输入项积木的嵌套

下面先看无输入项积木的嵌套。例如，想要使用画笔画 6 个正方形，可以定义一个名为"画正方形"的新积木，程序如图 11-27 所示。

图 11-27 "画正方形"新积木

编写完成"画正方形"新积木的程序后，再定义一个名为"六个正方形"的新积木，在该积木中调用 6 次"画正方形"积木，程序如图 11-28 所示。这种在一个新积木中调用了另一个新积木的编程方式，就称为积木的嵌套。

图 11-28 "六个正方形"新积木

编写完成"画正方形"积木和"六个正方形"积木的程序后，只需在主程序中调用"六个正方形"积木即可，如图 11-29 所示。

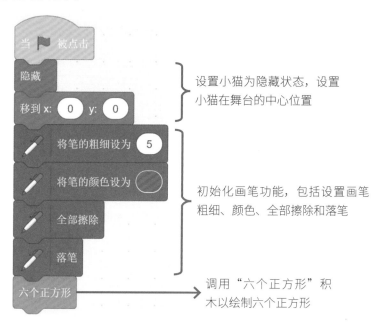

图 11-29　调用"六个正方形"积木

程序编写完成后，点击绿旗执行程序。如图 11-30 所示，由六个正方形组成的图形出现在舞台的中心位置。

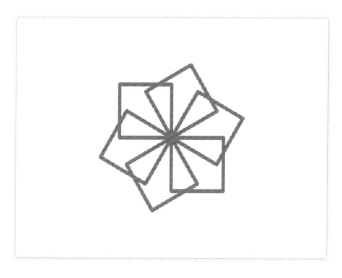

图 11-30　由六个正方形组成的图形

11.3.2 有输入项积木的嵌套

在 Scratch 中，有输入项积木的嵌套与无输入项积木的嵌套类似，还是以画笔模块的绘图为例进行说明。如果想要绘制由多个三角形组成的图形，首先定义一个名为"画三角形"的新积木，并带有一个输入项"边长"，程序如图 11-31 所示。

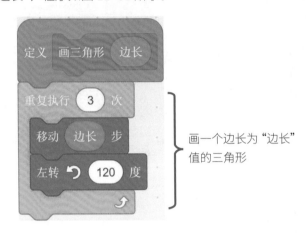

图 11-31　"画三角形"新积木

然后定义一个名为"多个三角形"的新积木，并带有两个输入项，即"边长"和"个数"，并在该积木中调用"画三角形"新积木，程序如图 11-32 所示。

图 11-32　"多个三角形"新积木

编写完成两个新积木的程序后，就可以使用这两个积木绘制多个三角形了。如图 11-33 所示，总共调用了两次"多个三角形"积木。第一次填写的输入项为 50 和 20，即画 20 个边长为 50 的三角形，第二次填写的输入项为 70 和 30，即画 30 个边长为 70 的三角形。

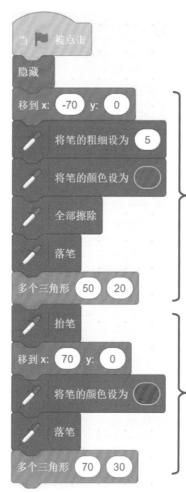

设置小猫的位置并隐藏小猫,设置画笔粗细和颜色,全部擦除并落笔,然后调用"多个三角形"积木开始绘图,绘制 20 个边长为 50 的三角形

抬笔移动小猫到新的位置,重新设置画笔颜色并落笔,然后调用"多个三角形"积木开始绘图,绘制 30 个边长为 70 的三角形

图 11-33　调用新积木绘制多个图形

　　程序编写完成后,点击绿旗执行程序。如图 11-34 所示,两个由三角形旋转成的图形出现在舞台上,左边是由 20 个边长为 50 的三角形组成的圆形,右边是由 30 个边长为 70 的三角形组成的圆形。

图 11-34　嵌套调用积木绘制的两个圆形

总结与练习

【本章小结】

本章详细地学习了自制积木的相关内容。自制积木相当于其他编程语言中的函数。在实际编程时可以根据需要自制积木，还可以为自制积木添加输入项，输入项就是函数中的参数。通过自制积木的使用可以让程序的结构更加清晰，特别是在重复代码较多的程序中，把重复代码放置在自制积木中可以明显地提高编程效率。

【巩固练习】

一、选择题

1. 小猫的程序如图 11-35 所示，程序执行完毕后，小猫的位置坐标是（　　）。

   A.（30,0）   B.（60,0）   C.（180,0）   D.（0,180）

2. 小猫的程序如图 11-36 所示，程序执行完毕后，小猫的位置坐标是（　　）。

   A.（30,0）   B.（60,0）   C.（180,0）   D.（0,180）

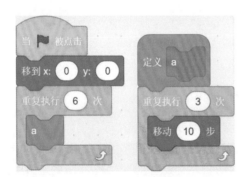

图 11-35　小猫的程序　　　　　　　图 11-36

二、编程题

编写一段程序，点击绿旗后，使用画笔功能在舞台上绘制如图 11-37 所示的图形。

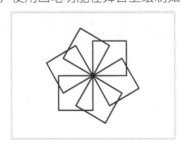

图 11-37　绘制的图形

第 12 章

综合案例：
星球大战

📖 本章导读

在战火纷飞的星系中，银河共和国作为和平的壁垒已经延续数代。在绝地守护者的忠勇捍卫下，银河共和国成为文明进步与银河统一的最大希望。然而在未知宇宙的深处，强大的西斯帝国悄然崛起。西斯帝国由原力黑暗面的西斯领主统帅，他们渴望银河的霸权，试图向古老的宿敌——绝地武士复仇。本章将使用 Scratch 编程开发一款星球大战的游戏。

扫一扫，看视频

12.1 前期准备

星球大战游戏界面如图 12-1 所示，下方的红色飞机为我方飞机（也就是玩家操控的飞机），上方的蓝色飞机为敌方飞机。在前期准备中，需要收集飞机图片、炮弹图片等。

图 12-1　星球大战游戏界面

12.1.1　游戏介绍

游戏运行时，敌方飞机从上往下飞行，随机发射炮弹。如果我方飞机被敌方炮弹击中，我方飞机将会爆炸坠毁；如果我方飞机与敌方飞机发生碰撞，双方飞机将同时爆炸坠毁。玩家可以通过键盘的方向键操控我方飞机躲避敌方飞机和炮弹，也可以按空格键发射炮弹攻击敌方飞机。

12.1.2　角色与背景

图 12-2 所示为游戏的角色图片，左边为敌方飞机和敌方炮弹；右边为我方飞机和我方炮弹。Scratch 的角色库中没有此类飞机和炮弹的图片，需要自行收集后导入项目中。

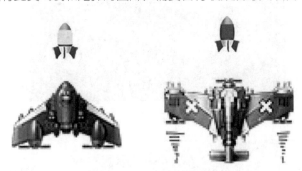

图 12-2　游戏的角色图片

图 12-3 所示为游戏的背景图片，该背景可以从 Scratch 背景库中导入。

图 12-3　游戏的背景图片

12.1.3　声音

游戏中总共需要三段声音：背景音乐、敌方飞机爆炸声、我方飞机爆炸声。这三段声音在 Scratch 的声音库中选择，选择的背景音乐是 Techno，敌方飞机爆炸声是 Cymbal，我方飞机爆炸声是 Drum Boing。

12.2　开始与暂停标签

点击绿旗执行程序，游戏并不会立即开始。需要按下键盘的 a 键后，游戏才会正式开始，按下 z 键后，游戏暂停。

12.2.1　角色的绘制

开始与暂停标签角色如图 12-4 所示，该角色不在角色库中，需要自己绘制。绘制的该标签角色的造型如图 12-5 所示。

按a开始　▶　按z暂停

图 12-4　开始与暂停标签角色

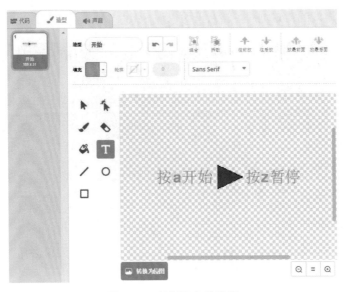

图 12-5　绘制角色的造型

12.2.2　角色的显示

点击绿旗后，该标签角色显示在舞台的中心位置，角色的大小和颜色交替变化，程序如图 12-6 所示。

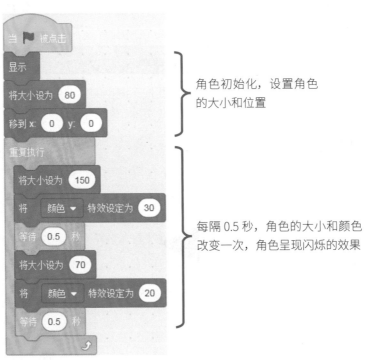

图 12-6　开始与暂停标签的闪烁程序

12.2.3　开始与暂停

玩家按下 a 键后，所有角色开始按自己的程序执行；玩家按下 z 键后，暂停所有角色的程序，停留在当前位置不动。这里的所有角色主要是指显示在舞台中且在运动的角色，包括我方飞机、我方发出的炮弹、敌方飞机、敌方发出的炮弹。

开始与暂停标签的程序如图 12-7 所示，在此定义一个变量"游戏状态"，设置初始值为 0。按下 a 键时，设置变量"游戏状态"的值为 1；按下 z 键时，设置变量"游戏状态"的值为 0。在其他角色中，可以通过判断该变量的值确定角色的动作。

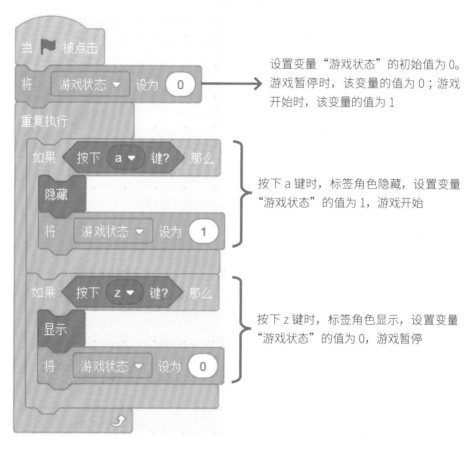

图 12-7　开始与暂停标签的程序

12.2.4　背景音乐

这里把背景音乐的播放也放在该标签角色的程序中，如图 12-8 所示。变量"游戏状态"的值为 0，停止播放背景音乐；变量"游戏状态"的值为 1，循环播放背景音乐。

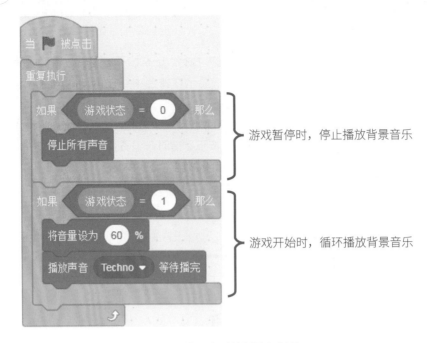

图 12-8　背景音乐的播放与暂停

　　至此，开始与暂停标签角色的程序就编写完成了，点击绿旗执行程序，标签在不停地变大或变小，颜色也在不停地改变，如图 12-9 和图 12-10 所示。按下 a 键时，隐藏标签且循环播放背景音乐；按下 z 键时，显示标签，背景音乐不会马上停止，而是等该音乐播放完后才会停止。

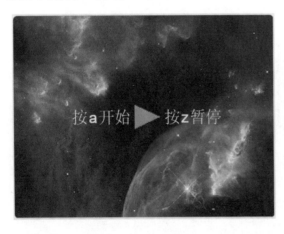

图 12-9　标签变大

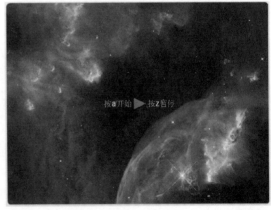

图 12-10　标签变小

12.3　我方飞机的程序

　　我方飞机即红色飞机，游戏正式开始后，玩家可以通过键盘上的方向键操控飞机上、下、左、右运行，以及使用空格键发射炮弹攻击敌机。我方飞机的生命值为 10，每被敌机击中一次或者与敌机碰撞一次，生命值都会减 1，当生命值为 0 时，游戏结束。

12.3.1　我方飞机的初始状态

在我方飞机的造型列表中有 4 个造型，第一个是飞机正常情况下的造型，另外三个是飞机爆炸时的造型，如图 12-11 所示。

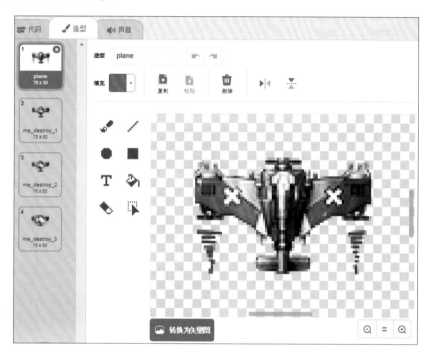

图 12-11　我方飞机的造型列表

当点击绿旗时，我方飞机的大小为 100，显示在舞台的正下方，初始化程序如图 12-12 所示。

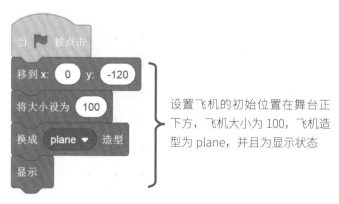

图 12-12　我方飞机的初始化程序

12.3.2　我方飞机的飞行控制

　　游戏正式开始时，通过键盘上的方向键操控飞机飞行，在此新建一个自制积木"键盘操控"，把键盘操控飞机飞行的程序都放置在该积木中。"键盘操控"积木的程序如图 12-13 所示。在程序中调用新积木，主程序如图 12-14 所示。

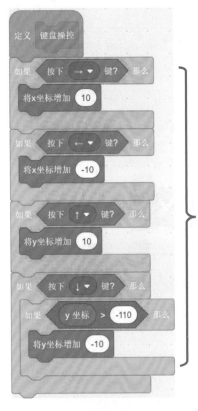

通过上、下、左、右方向键操控飞机往相应的方向飞行

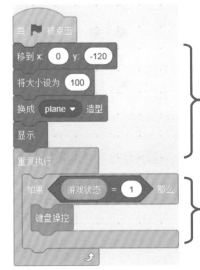

我方飞机的初始化程序

只有在游戏开始的状态下，才能通过键盘控制飞机飞行

图 12-13　"键盘操控"积木的程序　　　　图 12-14　调用新积木的主程序

12.3.3　被敌机击中

　　不管我方飞机是被敌机炮弹击中，还是与敌机发生碰撞，都会爆炸坠毁。我方飞机与敌机炮弹的碰撞检测及我方飞机与敌机的碰撞检测都在敌机炮弹和敌机的程序中完成，它们检测到敌机与我方飞机发生碰撞后，广播一条"碰到红色飞机"的消息，当我方飞机接收到该消息时发出声音，显示爆炸效果，同时广播"生命值减 1"消息。我方飞机爆炸的程序如图 12-15 所示。

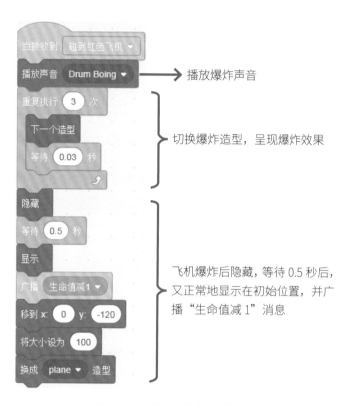

图 12-15　我方飞机爆炸的程序

12.4　显示飞机的生命值

在舞台的正下方，通过 10 架小飞机表示我方飞机的生命值，如图 12-16 所示。游戏开始时，总共有 10 架小飞机，当生命值减少时，显示的小飞机也会相应地减少。

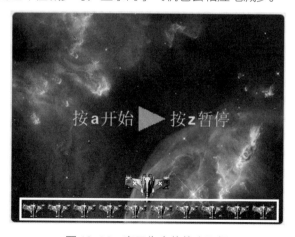

图 12-16　表示生命值的小飞机

12.4.1 生命值

编写完成我方飞机的程序，接下来看看我方飞机的生命值是如何显示的。在此添加一个与我方飞机一样的角色，如图 12-17 所示的角色列表中的"生命值"角色。

图 12-17 添加"生命值"角色

12.4.2 初始化

表示生命值的角色添加成功以后，开始编写程序。小飞机的数量与生命值的数值是逐一对应的，可以使用画笔的图章功能来实现。

第 1 步：自制一个新积木，设置新积木名称为"绘制生命值"，并添加一个输入项 a。注意勾选左下角的"运行时不刷新屏幕"复选框，如图 12-18 所示。这样，在绘制小飞机时就不会出现屏幕刷新，会看到小飞机在一瞬间就被图章印刻在舞台下方位置。

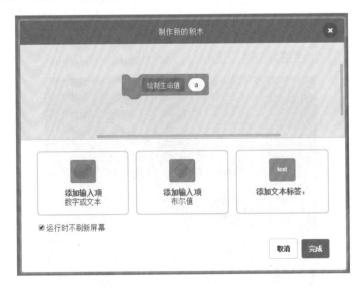

图 12-18 自制新积木

第 2 步： 定义自制积木功能，即编写自制积木程序。如图 12-19 所示，定义了一个名为"绘制生命值"且带有一个输入项 a 的新积木，在积木中用到了图章功能。

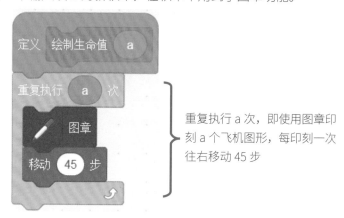

重复执行 a 次，即使用图章印刻 a 个飞机图形，每印刻一次往右移动 45 步

图 12-19　定义自制积木功能

第 3 步： 编写完自制积木程序后，编写生命值角色的初始化程序，如图 12-20 所示。开始时生命值为 10，总共有 10 架小飞机显示在舞台正下方位置。

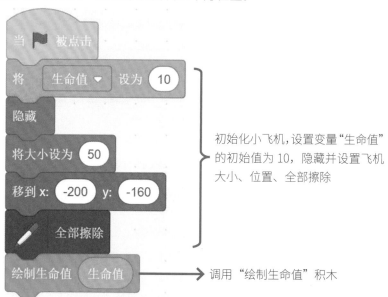

初始化小飞机，设置变量"生命值"的初始值为 10，隐藏并设置飞机大小、位置、全部擦除

调用"绘制生命值"积木

图 12-20　初始化生命值

12.4.3　生命值减少

当我方飞机被击中时，会广播一条"生命值减 1"的消息，当生命值显示角色接收到该消息后，将变量"生命值"减 1，然后调用"绘制生命值"积木完成对应数量小飞机的显示，舞台下方小飞机的数量会对应地减少。生命值减少程序如图 12-21 所示。

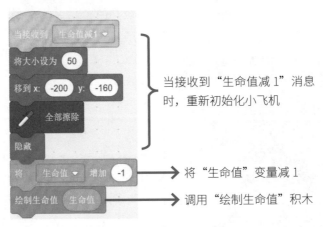

当接收到"生命值减1"消息时，重新初始化小飞机

将"生命值"变量减1

调用"绘制生命值"积木

图 12-21 重新显示生命值

12.5 我方炮弹的程序

编写完我方飞机的程序后，此时我方飞机发射炮弹的程序并不在其中。发射炮弹的程序应该在"炮弹"角色的程序中，而不应该在"我方飞机"角色的程序中。在本游戏中，玩家通过按空格键发射炮弹，炮弹是可以连续发射的。要实现炮弹连续发射功能最有效的编程方法就是克隆。

12.5.1 本体程序

我方炮弹的本体状态就是炮弹的初始状态，炮弹发射前本体应该是隐藏的，当按下空格键时，炮弹克隆自己，这时克隆体和本体一样，也是隐藏状态。我方炮弹的本体程序如图 12-22 所示。

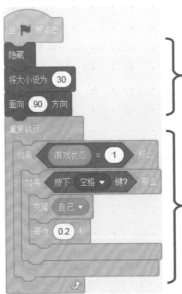

初始化我方炮弹的状态，隐藏并设置角色大小为 30，方向为 90 度

当游戏正式开始时，每按下一次空格键，就可以发射一次炮弹，并等待 0.2 秒，以免克隆得太快

图 12-22 我方炮弹的本体程序

12.5.2　克隆体程序

当我方炮弹的克隆体启动时，移动到我方飞机的位置并显示，然后一直往上飞行，碰到敌机或者舞台边缘等待 0.1 秒后消失（即删除此克隆体）。我方炮弹的克隆体程序如图 12-23 所示。

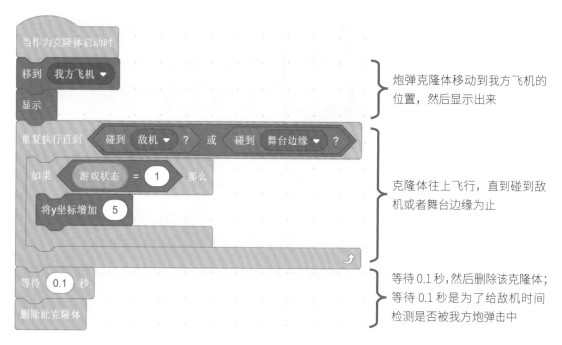

图 12-23　我方炮弹的克隆体程序

12.6　敌方飞机的程序

敌方飞机同样不止一架，会源源不断地从舞台上方出现，并一直往下飞行，直到被我方飞机击中或者碰到下方舞台边缘才消失。敌方飞机有多架，因此在编程时也使用克隆的方式生成敌方飞机。

12.6.1　本体程序

敌方飞机的本体状态就是敌机的初始状态。一开始本体是隐藏状态，设置变量"敌机数量"的值为 0。然后进入重复执行，当变量"游戏状态"的值为 1 时，也就是游戏正式开始时，会随机等待一段时间，然后克隆自己，并且使用变量"敌机数量"记录敌机的数量。敌方飞机的本体程序如图 12-24 所示。

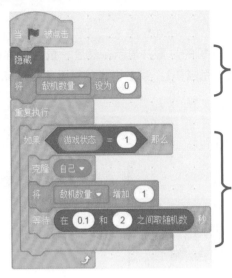

敌方飞机隐藏，设置变量"敌机
数量"的值为 0

在游戏正式开始后，敌方飞机不断地克
隆自己，每克隆一次，"敌机数量"加 1，
并随机等待一段时间

图 12-24　敌方飞机的本体程序

12.6.2　克隆体程序

当敌方飞机的克隆体启动时，显示在舞台上方的随机位置，然后往下飞行，直到碰到我方飞机、我方炮弹或者舞台下边缘。敌方飞机的克隆体程序如图 12-25 所示。

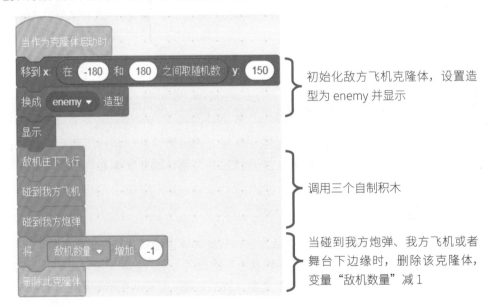

初始化敌方飞机克隆体，设置造
型为 enemy 并显示

调用三个自制积木

当碰到我方炮弹、我方飞机或者
舞台下边缘时，删除该克隆体，
变量"敌机数量"减 1

图 12-25　敌方飞机的克隆体程序

敌方飞机的克隆体往下飞行的程序如图 12-26 所示，在飞行过程中，会随机发射炮弹攻击我

方飞机。由于敌机众多，怎样确定是哪一架敌机发射的炮弹呢？在此使用两个变量（x 和 y）记录敌机的位置，当敌机发射炮弹时，就把敌机的炮弹移动到该位置，显示并往下飞行即可。

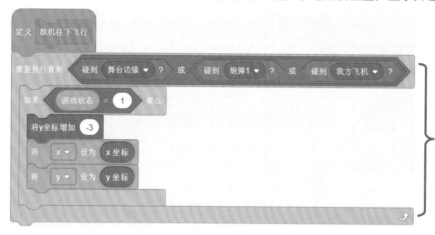

图 12-26　敌方飞机的克隆体往下飞行的程序

碰到我方炮弹、我方飞机或者舞台下边缘之前，敌机一直往下飞行，并把自身的 x、y 坐标存放在变量 x、y 中

敌方飞机的克隆体在往下飞行的过程中，如果碰撞到了我方飞机，就会发生爆炸并发出爆炸的声音，与我方飞机同归于尽，程序如图 12-27 所示。在此选择广播一条"碰到我方飞机"消息给我方飞机，当我方飞机收到该消息后，就会执行爆炸的相关程序，可查看 12.3.3 节中我方飞机爆炸的程序。

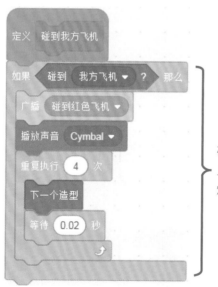

图 12-27　敌方飞机的克隆体碰到我方飞机的程序

碰到我方飞机后，敌机显示爆炸效果并播放爆炸声

敌方飞机的克隆体在往下飞行的过程中，如果被我方飞机发射的炮弹击中，同样也会爆炸并发出爆炸声音，程序如图 12-28 所示。

图 12-28　敌方飞机的克隆体被我方炮弹击中的程序

碰到我方炮弹后，敌机显示爆炸效果并播放相关爆炸声音

 ## 敌方炮弹的程序

敌方炮弹可能不止一发，如果舞台上同时有多架敌机，有可能它们同时发射炮弹，这时舞台上会有多发敌方炮弹，在此也使用克隆的方式编写敌方炮弹的程序。

12.7.1　本体程序

敌方炮弹的本体程序如图 12-29 所示，敌方炮弹发射前本体应该是隐藏的，当游戏正式开始时，如果敌机数量大于零，即舞台上面有敌机，炮弹会移动到随机一架敌机的位置，然后克隆自己，这时克隆体和本体一样，都处于隐藏状态。

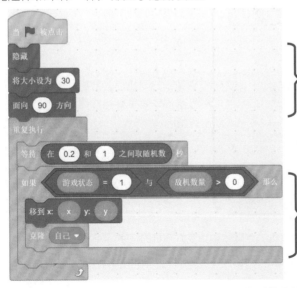

敌方炮弹初始化，隐藏并设置大小为 30，方向为 90 度

等待一段随机时间后，如果游戏在开始状态且敌机数量大于 0，那么克隆一次自己

图 12-29　敌方炮弹的本体程序

12.7.2 克隆体程序

敌方炮弹的克隆体程序如图 12-30 所示，当敌方炮弹的克隆体启动时，首先显示在舞台上，然后一直往下飞行，直到碰到我方飞机或者舞台下边缘才删除此克隆体。如果敌方炮弹碰到到我方飞机，说明击中我方飞机，会广播一条"碰到红色飞机"的消息，当我方飞机收到该消息后，就会执行爆炸的相关程序，可查看 12.3.3 节我方飞机爆炸的程序。

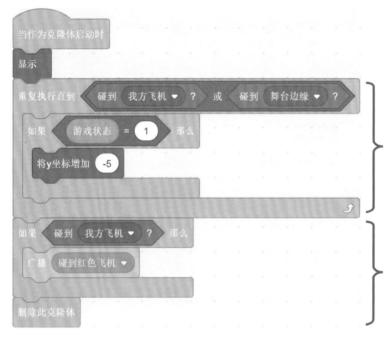

克隆体启动后，如果游戏处于开始状态，就一直往下飞行，直到碰到我方飞机或者舞台下边缘

如果碰到我方飞机，即击中我方飞机，广播"碰到红色飞机"信息，最后删除该克隆体

图 12-30　敌方炮弹的克隆体程序

12.8 游戏结束

当我方飞机的生命值为 0 时，即我方飞机全部被敌机击毁，这时游戏结束。当游戏结束时，Game Over 显示在舞台中间。

12.8.1 绘制角色 Game Over

游戏结束时，在此选择绘制角色 Game Over，如图 12-31 所示。

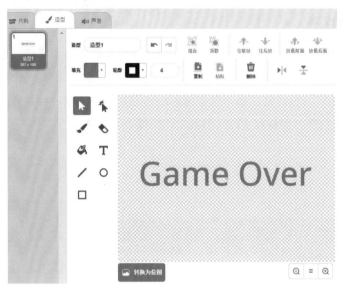

图 12-31　绘制角色

12.8.2　角色 Game Over 的程序

绘制角色 Game Over 完成后，开始编写程序，角色 Game Over 的程序只有一段，如图 12-32 所示。

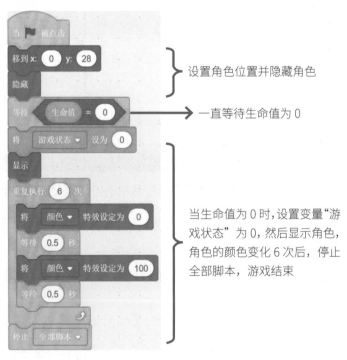

设置角色位置并隐藏角色

一直等待生命值为 0

当生命值为 0 时，设置变量"游戏状态"为 0，然后显示角色，角色的颜色变化 6 次后，停止全部脚本，游戏结束

图 12-32　角色 Game Over 的程序

点击绿旗执行程序，按下 a 键开始游戏，当我方飞机全部被敌机击毁以后，可以看到 Game Over 显示在舞台中间，游戏结束界面如图 12-33 所示。

图 12-33　游戏结束界面

到此，星球大战游戏编程已经全部完成，可以自行在本游戏的基础上增加其他造型的飞机和炮弹，让游戏变得更加炫酷好玩。

第 13 章

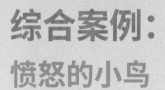

综合案例:
愤怒的小鸟

📖 本章导读

　　"愤怒的小鸟"是一款休闲益智类游戏,于 2009 年 12 月首发于 iOS,而后在其他平台中发行。游戏讲述了小鸟为了报复偷走鸟蛋的小猪们,鸟儿以自己的身体为武器,仿佛炮弹一样去攻击小猪们的堡垒。

扫一扫,看视频

13.1　前期准备

愤怒的小鸟游戏本身的角色众多，所需素材收集与程序编写的难度都很大，因此本章做一款简化版的愤怒的小鸟游戏。简化的游戏界面如图 13-1 所示。

图 13-1　简化的游戏界面

13.1.1　游戏介绍

游戏界面如图 13-1 所示，游戏开始时，小鸟在弹弓中间，用户按下鼠标左键拖动小鸟来实现拉动弹弓的效果。松开鼠标左键后，小鸟就会弹射出去攻击小猪，如果打中了小猪，小猪就会掉下来。

13.1.2　角色与背景

Scratch 软件中没有小鸟、小猪和弹弓等角色，因此需要从网络中收集这些角色图片，并导入这三个角色，背景图片使用 Scratch 软件中的 Blue Sky 图片即可。

13.1.3　音乐

完成上面的角色和背景导入后，接下来为角色添加需要的声音。为小鸟添加飞行时的声音，可以选择声音库中动物菜单下的 Chatter；为小猪添加被打中时的声音，选择声音库中动物菜单下的 Screech；还有一段背景音乐，可以添加到背景中作为背景的声音属性，游戏运行过程中一直播放背景音乐，可以选择声音库中可循环菜单下的 Cave。

13.2　编写小鸟的程序

前期准备完成后，就可以编写程序了，先来编写小鸟的程序。据分析，小鸟在整个游戏过程中有三种状态，使用变量 a 来记录小鸟当前的状态。第一种状态是当游戏刚刚开始，鼠标还没有拖动小鸟时，设置 a 的值为 0；第二种状态是当按下鼠标左键并拖动小鸟，小鸟跟随鼠标移动时，设置 a 的值为 1；第三种状态是当把小鸟拖动到合适位置后，松开鼠标左键时，设置 a 的值为 2。

13.2.1 弹弓的程序

小鸟的初始位置位于弹弓中间，所以需要先确定弹弓的位置。弹弓的程序如图 13-2 所示，设置弹弓的初始位置坐标为（-108,-44），大小为 30。

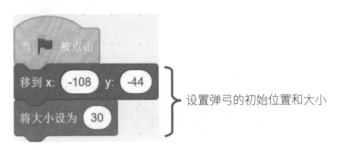

图 13-2 弹弓的程序

13.2.2 小鸟位置的初始化

把小鸟移动到弹弓中间，小鸟的坐标为（-108,-38）。小鸟的初始化程序如图 13-3 所示，面向 90 度方向，向右。将小鸟移动到最前面，以免被弹弓的角色图片遮挡。小鸟的角色大小设置为 30，初始化变量 a 的值为 0。

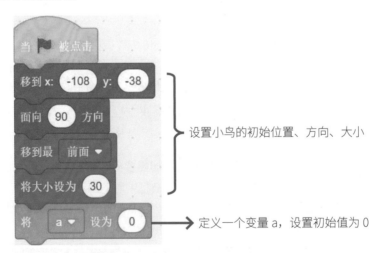

图 13-3 小鸟的初始化程序

13.2.3　用鼠标拖动小鸟

游戏开始后，可以用鼠标拖动小鸟，拖动小鸟需要判断两点：一是按下鼠标左键，二是小鸟碰到了鼠标。当满足这两点时，小鸟跟随鼠标指针移动。小鸟移动的程序如图 13-4 所示，当鼠标拖动小鸟时，变量 a 的值为 1；当鼠标松开时，变量 a 的值为 2。如果 a 的值一直为 1，小鸟会跟随鼠标移动。

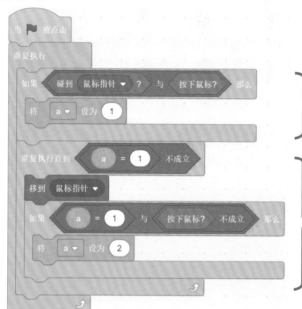

点击小鸟，即可拖动小鸟，设置变量 a 的值为 1，表示小鸟正在被拖动

小鸟跟随鼠标移动，直到鼠标松开，鼠标松开后，变量 a 的值为 2

图 13-4　小鸟移动的程序

13.2.4　小球的程序

当把小鸟拖动到适当的位置后松开鼠标，小鸟就会发射出去，这时小鸟应该朝哪个方向发射出去呢？根据图 13-5 得知，当小鸟、弹弓中心、小猪这三点成一条直线时，小鸟就对准了小猪，这时发射出去就能打中小猪。

图 13-5　小鸟对准小猪的示意图

　　小鸟的发射方向应该是面向弹弓中心，因此可以添加一个小球角色，在角色库中选择角色 Ball 添加到角色列表中，如图 13-6 所示。

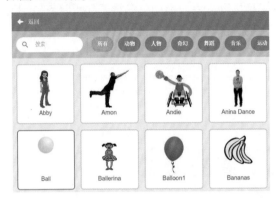

图 13-6　添加小球角色

　　小球添加成功后，把它放置在弹弓的中心位置，只需让小鸟面向小球即可，如图 13-7 所示。

图 13-7　把小球放置在弹弓的中心位置

放置好小球后，设置其大小为 30，并把它设置为隐藏状态。小球的程序如图 13-8 所示。

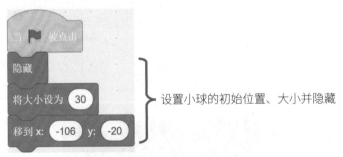

图 13-8　小球的程序

13.2.5　松开鼠标，小鸟发射

当小球被添加并放置在弹弓的中心位置以后，就可以知道松开鼠标后小鸟的飞行方向，即朝小球的方向。小鸟发射及碰到小猪或舞台边缘后的程序如图 13-9 所示。

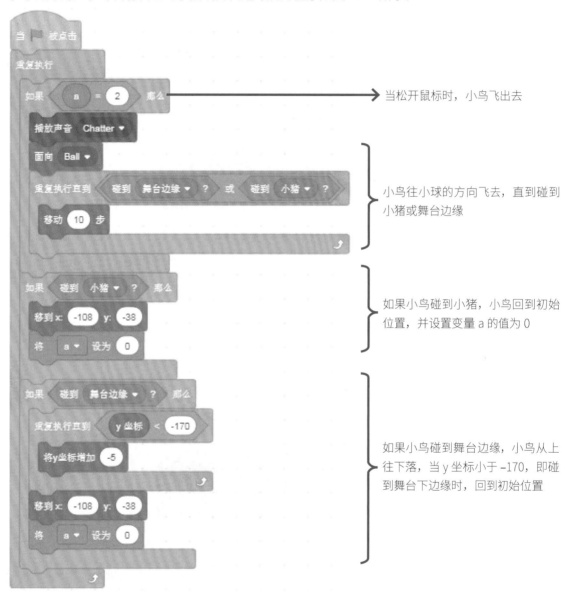

当松开鼠标时，小鸟飞出去

小鸟往小球的方向飞去，直到碰到小猪或舞台边缘

如果小鸟碰到小猪，小鸟回到初始位置，并设置变量 a 的值为 0

如果小鸟碰到舞台边缘，小鸟从上往下落，当 y 坐标小于 -170，即碰到舞台下边缘时，回到初始位置

图 13-9　小鸟发射过程的程序

至此，小鸟的程序就编写完毕，由于程序比较长，因此分为了三段，分别如图 13-3、图 13-4 和图 13-9 所示，也可以把它们合并为一段程序，可以思考一下如何合并。

点击绿旗执行程序，将鼠标移动到小鸟上，按下鼠标左键，即可拖动小鸟移动；当松开鼠标左键后，小鸟朝小球方向飞行，直到碰到小猪或者舞台边缘。

如果碰到小猪，小鸟的飞行过程如图 13-10 所示。首先用鼠标拖动小鸟到左下角位置，然后松开鼠标左键，小鸟朝小球方向发射出去，直到碰到小猪，最后又回到初始位置。

图 13-10　小鸟的飞行过程 1

如果碰到舞台边缘，小鸟的飞行过程如图 13-11 所示。首先用鼠标拖动小鸟到左下角位置，然后松开鼠标左键，小鸟朝小球方向发射出去，直到碰到舞台上边缘，最后从舞台上边缘下落到舞台下边缘。

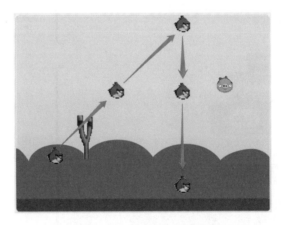

图 13-11　小鸟的飞行过程 2

13.3　橡皮筋的效果实现

在愤怒的小鸟游戏中，最好玩的地方就是拉动橡皮筋的效果。这是通过画笔功能来实现的，可以添加一个画笔角色，负责实现橡皮筋的效果。

13.3.1 画笔的添加与初始化

在 Scratch 软件的角色库中选择添加 Pencil 角色，如图 13-12 所示。

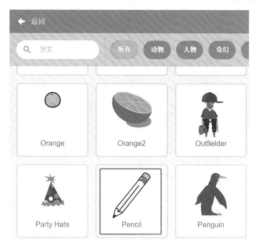

图 13-12　添加画笔

添加画笔以后，编写画笔的初始化程序，如图 13-13 所示。画笔不需要显示在舞台区，所以把它隐藏，并把颜色设置为黑色，把画笔的粗细设置为 4。

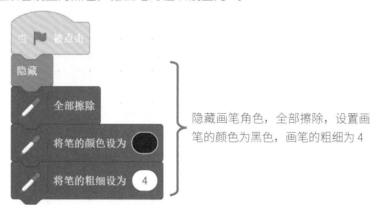

图 13-13　画笔的初始化程序

13.3.2 绘制橡皮筋

设置画笔的颜色和粗细后，接下来开始编写绘制橡皮筋的程序。应该在什么时候绘制橡皮筋呢？怎样绘制橡皮筋呢？

根据小鸟的程序分析，应该在鼠标拖动小鸟时绘制橡皮筋，鼠标把小鸟拖动到什么地方，橡皮筋就应该从弹弓处"拉"到什么地方。因此只需确定三个点，然后在这三个点之间画线即可。图 13-14 所示的三个红色箭头即画线的三个点。

图 13-14　画线的三个点

确定好画线的三个点后，就可以画线了。画笔的完整程序如图 13-15 所示，当变量 a 为 1 时，在三点之间画线；当变量 a 为 0 或 2 时，则全部擦除。

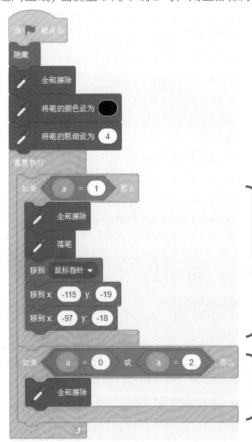

当变量a的值为1，即鼠标拖动小鸟时，在弹弓与小鸟之间画出橡皮筋

当把小鸟拖动到合适位置时，松开鼠标后，清空画笔，即橡皮筋消失

图 13-15　画笔的完整程序

至此，已经完成了小鸟和画笔的程序，点击绿旗执行程序。当鼠标拖动小鸟到弹弓左边时，橡皮筋就被拉动到左边，如图 13-16 所示。

图 13-16　拉动橡皮筋的效果 1

当鼠标拖动小鸟到弹弓右边时，橡皮筋就被拉动到右边，如图 13-17 所示。

图 13-17　拉动橡皮筋的效果 2

13.4　编写小猪的程序

在 13.3 节中，通过添加画笔角色实现了拉动橡皮筋的效果，非常有趣。接下来，继续编写小猪的程序。

13.4.1　小猪出现的区域

首先，设置小猪的位置范围在舞台右上方区域，具体的横轴坐标范围又是怎样的呢？已知右上方区域的 x 坐标为 0 到 240，y 坐标为 0 到 180，为了不让小猪超出舞台边界，可以设置 x 坐标为 0 到 220，y 坐标为 0 到 160，如图 13-18 所示。

图 13-18　小猪出现的区域

13.4.2　小猪的程序

　　小猪的程序比较简单，小猪出现在舞台右上方区域。小猪被小鸟击中后，播放声音并下落，直到碰到舞台下边缘，然后又出现在舞台右上方区域。小猪的完整程序如图 13-19 所示。

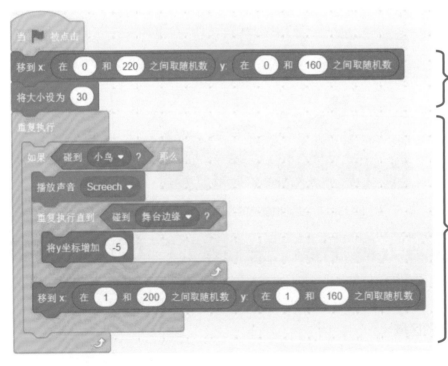

小猪出现在舞台右上方区域，并且大小为 30

如果小猪被小鸟击中，播放声音然后下落，直到碰到舞台下边缘，最后又出现在舞台右上方区域

图 13-19　小猪的完整程序

编写完成小猪的程序,点击绿旗执行程序。小猪出现在舞台右上方区域,当小鸟击中小猪时,小猪发出声音并下落到舞台下边缘,如图 13-20 所示。

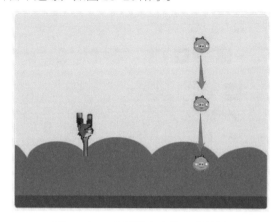

图 13-20　小猪被击中的下落效果

13.5 显示积分

几乎所有的游戏都设置了积分,在本游戏中,当小鸟击中小猪后积分加 1,没有击中则积分减 1。设置初始积分为 5,当积分小于 0 时,游戏结束。可以绘制两个角色,分别为 "+1" 和 "-1"。

13.5.1 绘制角色

先绘制 "+1" 角色,如图 13-21 所示。当加分时, "+1" 角色显示在舞台中间,1 秒后隐藏。

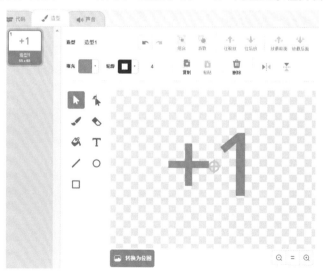

图 13-21　绘制 "+1" 角色

绘制"–1"角色，如图 13-22 所示。当减分时，"–1"角色显示在舞台中间，1 秒后隐藏。

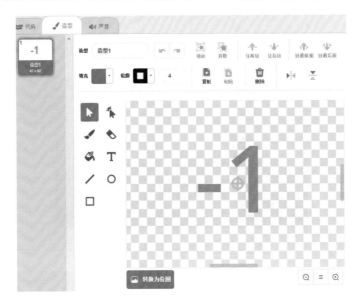

图 13-22　绘制"–1"角色

13.5.2　添加广播消息

在如图 13-9 所示的小鸟程序的基础上添加广播消息的指令，如图 13-23 所示。小鸟碰到小猪时，广播"加分"消息；小鸟碰到舞台边缘时，广播"减分"消息。

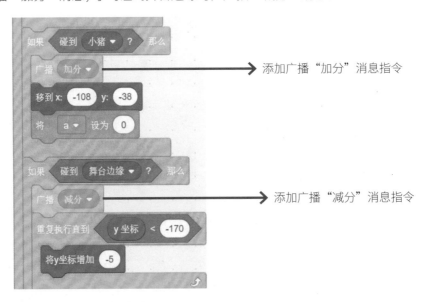

图 13-23　添加广播消息指令

13.5.3 "+1" 角色的程序

"+1" 角色的程序如图 13-24 所示，程序分为两段。定义一个变量 "积分" 并设置初始值为 5，开始时隐藏该角色。当接收到 "加分" 消息时，变量 "积分" 的值加 1，"+1" 角色显示 1 秒后隐藏，如图 13-25 所示。

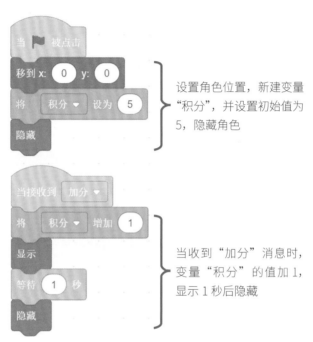

图 13-24　"+1" 角色的程序

图 13-25　"+1" 角色的显示

13.5.4 "–1"角色的程序

"–1"角色的程序如图 13–26 所示,程序分为两段。开始时隐藏该角色,当接收到"减分"消息时,变量"积分"的值减 1,"–1"角色显示 1 秒后隐藏,如图 13–27 所示。如果变量"积分"的值为 0,则停止全部脚本,即游戏结束。

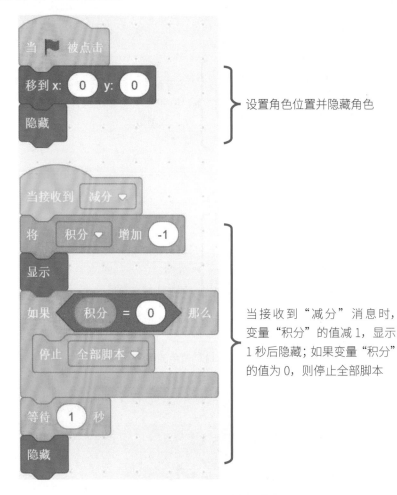

设置角色位置并隐藏角色

当接收到"减分"消息时,变量"积分"的值减 1,显示 1 秒后隐藏;如果变量"积分"的值为 0,则停止全部脚本

图 13–26 "–1"角色的程序

图 13-27　"-1"角色的显示

　　至此，愤怒的小鸟游戏的程序已经全部编写完成，可以继续发挥自己的创意，如添加更多的小猪角色和造型，让游戏变得更加有趣好玩。

第 14 章

综合案例：
迷宫寻宝

📖 **本章导读**

　　迷宫寻宝是一款非常好玩的寻宝游戏，游戏中设置了很多机关陷阱。玩家要通过重重障碍，才能获得宝藏。现在就进入迷宫寻找宝藏吧！

扫一扫，看视频

14.1 前期准备

前期准备阶段依旧是收集迷宫寻宝所需的角色、背景与音乐。如果想要的角色不在角色库中，可以去网上搜索下载。

14.1.1 角色与背景

如图 14-1 所示，总共可以看到有 7 个角色，分别是小猫、怪兽、锯齿铡、双面斧、宝箱、钥匙和斧头。背景是一幅带有红色砖墙的地图。

图 14-1　迷宫寻宝游戏界面

14.1.2 游戏介绍

迷宫寻宝游戏界面如图 14-1 所示，游戏开始时小猫处在舞台左上角位置，用户通过方向键控制小猫运动，如果小猫碰到各种陷阱（怪兽、锯齿铡、斧头等），速度会变慢同时回到初始位置。如果小猫碰到舞台边缘、迷宫的墙壁，就回到初始位置，但速度不变。如果小猫碰到钥匙，两把斧头会变小并且停止转动，这样小猫就可以顺利获得宝藏。

14.2 小猫的程序

本游戏中的寻宝人是小猫，玩家通过键盘操控小猫在迷宫中寻找宝藏。

14.2.1 角色初始化

点击绿旗执行程序时，小猫的位置和角色的大小如图 14-2 所示。应该合理地设置小猫的移动速度。

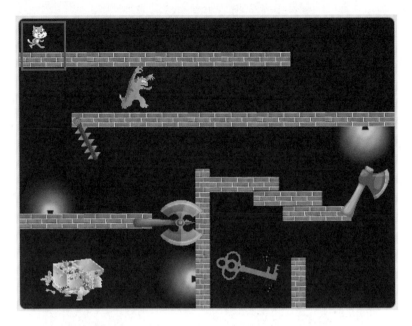

图 14-2　小猫的位置和角色的大小

小猫的初始化程序如图 14-3 所示，初始位置在舞台的左上方，面向右边，速度为 5。

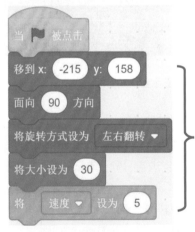

设置小猫的初始位置、方向、旋转方式、角色大小。设置变量"速度"的初始值为 5

图 14-3　小猫的初始化程序

14.2.2　键盘操控角色运动

通过键盘操控角色运动的程序，在前面的章节中已经学习过。通过判断方向键是否被按下，控制角色往对应的方向运动即可，程序如图 14-4 所示。

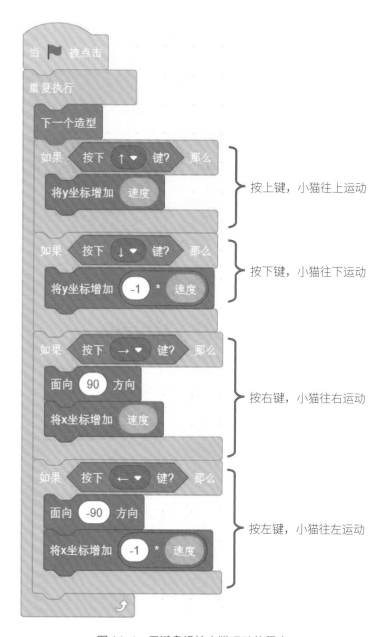

图 14-4　用键盘操控小猫运动的程序

14.2.3　遇到陷阱的处理

如果在寻找宝藏的过程中碰到了陷阱或舞台边缘，小猫会立即回到初始位置，同时因为小猫被陷阱伤害，运动速度变慢，当小猫速度为 0 时，游戏以失败结束。小猫遇到陷阱的处理程序如图 14-5 所示。

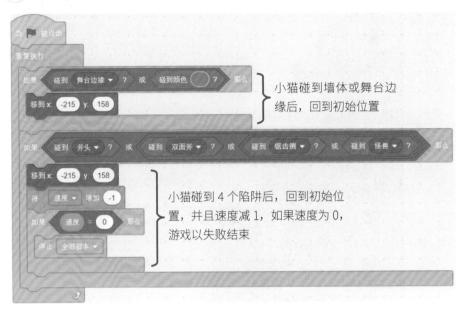

图 14-5　小猫碰到陷阱的处理程序

14.2.4　捡到钥匙和宝藏

小猫在寻宝的过程中，如果碰到钥匙，设置变量"捡到钥匙"的值为 1。如果碰到宝藏，先广播一个"捡到宝藏"消息，然后停止这个脚本，这样可以防止重复广播消息，程序如图 14-6 所示。

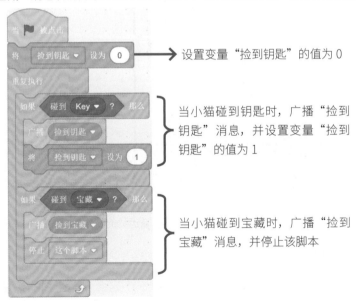

图 14-6　小猫捡到钥匙和宝藏的程序

14.3 陷阱的程序

陷阱包括怪兽、锯齿铡、双面斧、斧头 4 种，它们都是怎样运行的呢？接下来就给陷阱编写程序。

14.3.1 怪兽的程序

怪兽在舞台上方位置，左右来回运动，小猫遇到它，如果不小心被它扎到就会立即回到初始位置，并且速度减 1。图 14-7 中的红色方框区域为怪兽的运动区域。

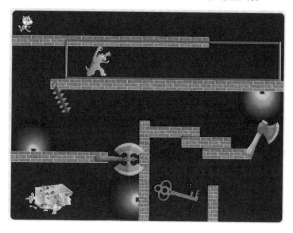

图 14-7　怪兽的运动区域

怪兽的程序如图 14-8 所示，初始化怪兽的位置、方向、选择模式和大小，怪兽一直在红色方框区域左右来回运动。

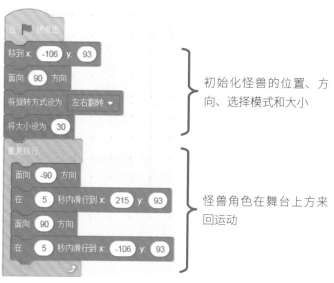

图 14-8　怪兽的程序

14.3.2 锯齿铡的程序

锯齿铡位于舞台左上方位置,以红色圆点为中心转动,如图 14-9 所示的红色区域是它的转动范围。

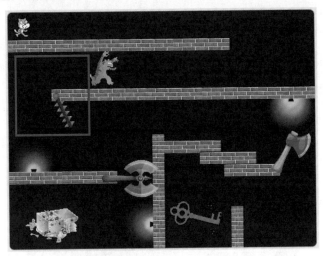

图 14-9　锯齿铡的转动范围

锯齿铡的程序如图 14-10 所示,程序很简单,设置锯齿铡的位置、方向和大小后,锯齿铡就一直在往左转动。

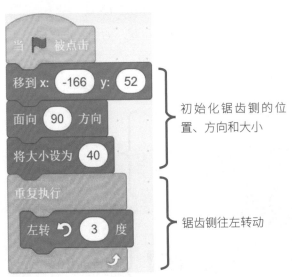

图 14-10　锯齿铡的程序

14.3.3 双面斧的程序

双面斧位于舞台左下方位置,如图 14-11 所示。刚好挡在获取宝藏的路口,阻挡小猫获取宝藏。

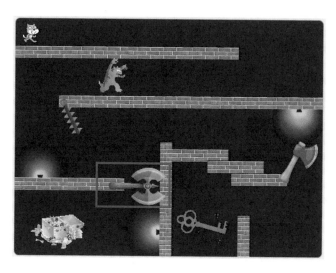

图 14-11　双面斧的位置

双面斧的程序分两段，第一段程序如图 14-12 所示，控制双面斧的大小变化。

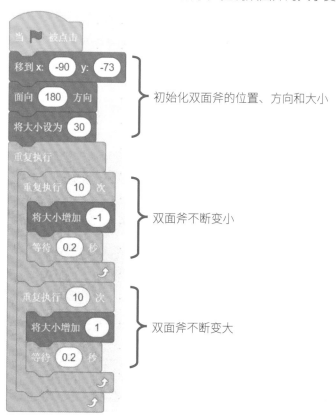

图 14-12　双面斧变大变小的程序

　　双面斧的第二段程序如图 14-13 所示，判断变量"捡到钥匙"的值是否为 1，如果为 1，表示小猫捡到了钥匙，双面斧变小，这样小猫就能顺利地通过该路口。

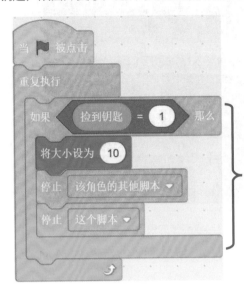

当变量"捡到钥匙"的值为 1 时，即小猫捡到了钥匙，双面斧变小，并停止双面斧的所有脚本

图 14-13　捡到钥匙后双面斧变小

14.3.4　斧头的程序

　　斧头位于舞台右下方位置，如图 14-14 所示。程序执行后，斧头一直顺时针转动且刚好挡在小猫获取钥匙的路口，阻挡小猫获取钥匙。

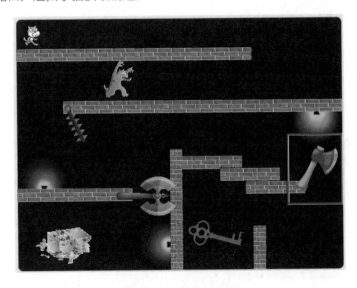

图 14-14　斧头的位置

斧头的位置和动作确定以后，就可以编写斧头的程序了。斧头的程序如图 14-15 所示。

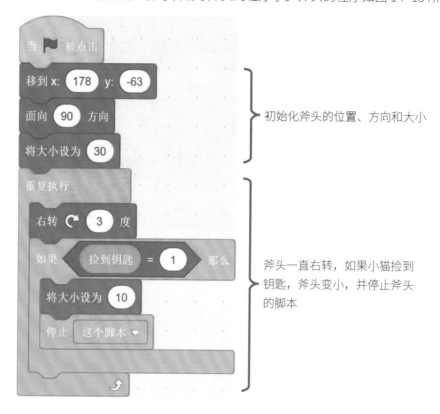

初始化斧头的位置、方向和大小

斧头一直右转，如果小猫捡到
钥匙，斧头变小，并停止斧头
的脚本

图 14-15　斧头的程序

14.4 钥匙与宝藏

在本游戏中，由于双面斧阻挡在小猫获取宝藏的路口，小猫无法通过，因此小猫先要取得钥匙，小猫捡到钥匙后，双面斧和斧头会变小，停止转动，这样小猫就能顺利通过路口，取得宝藏。

14.4.1　钥匙的程序

如图 14-16 所示，钥匙的位置在舞台下方靠右的位置，钥匙在图中红色方框区域内转动并发出灿灿金光。

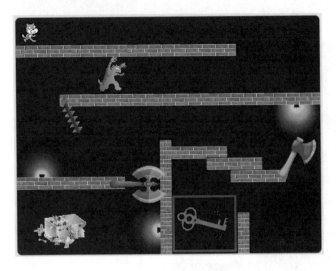

图 14-16 钥匙的位置

　　钥匙的程序分为两段：第一段程序主要负责初始化钥匙的位置、方向和大小，并将钥匙显示在舞台上，如图 14-17 所示；第二段程序主要负责小猫捡到钥匙以后的处理，如图 14-18 所示。

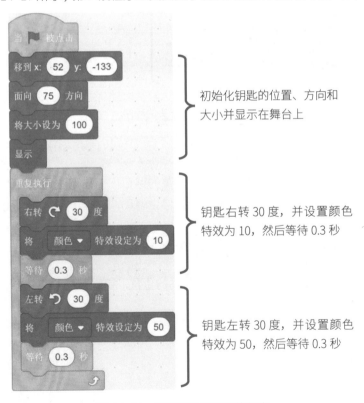

图 14-17 钥匙转动并闪烁的程序

收到"捡到钥匙"消息，即小猫捡到钥匙，则播放声音、钥匙不断变小，最后隐藏

图 14-18　小猫捡到钥匙的程序

14.4.2　宝藏的程序

如图 14-19 所示，宝藏的位置在舞台左下角位置，宝藏在图中红色方框区域内转动，并且颜色不断地发生变化。

图 14-19　宝藏的位置

宝藏的程序分为两段，第一段程序主要负责初始化宝藏的位置、方向和大小，并且控制宝藏转动与变色，如图 14-20 所示。

Scratch
少儿编程从入门到精通（案例视频版）

图 14-20　宝藏转动的程序

设置宝藏的位置、方向和大小

宝藏左右转动，并且颜色不
断地发生变化

第二段程序如图 14-21 所示，主要负责小猫捡到宝藏后的处理，当小猫捡到宝藏时，发出声音，并且宝藏会变大，最后停止全部脚本，游戏结束。

当接收到"捡到宝藏"消息，即小猫捡到了宝藏角色，宝藏变大，颜色特效为 0

图 14-21　小猫捡到宝藏的程序

　　当所有游戏角色的程序编写完成后，点击绿旗执行程序。小猫开始时处于舞台左上角，可以通过方向键控制小猫上、下、左、右移动；怪兽在舞台上方左右来回移动；双面斧一直变大或变小；钥匙和宝藏一直在转动变色。

　　至此，迷宫寻宝游戏编程已经全部完成，可以继续把该游戏做成通关的方式，捡到宝藏以后可以进入下一关。

第 15 章

综合案例:
垃圾分类

📖 **本章导读**

　　垃圾分类是减少垃圾产量、促进资源回收、缓解环境压力、改善生活环境的重要举措。垃圾一般可分为四种:可回收垃圾、有害垃圾、厨余垃圾和其他垃圾。为了让大家更好地对垃圾进行分类,本章使用 Scratch 软件开发一款垃圾分类的游戏。

扫一扫,看视频

15.1 前期准备

开发游戏前，需要设计游戏的运行流程，然后收集或者绘制角色图片，收集背景音乐等。

15.1.1 游戏运行流程

游戏开始界面如图 15-1 所示，当点击游戏界面中的"开始"按钮后，垃圾开始下落，通过左右方向键控制垃圾左右移动，当垃圾碰到垃圾桶时，判断垃圾碰到的是否为对应的垃圾桶，即是否正确分类，如果分类正确，就加 2 分，否则减 2 分。当分数为 0 或者分数大于 40 时，游戏结束。

图 15-2　角色列表

15.1.2 角色安排

垃圾分类游戏共有 12 个角色，如图 15-2 所示。包括垃圾桶、垃圾种类、开始按钮、游戏标题、"-2"减分、"+2"加分等。其中除 4 个垃圾桶角色是从外部导入的以外，另外的 8 个角色都需要自己绘制。

图 15-2　角色列表

15.2 垃圾角色的绘制

垃圾角色共有 4 类，分别是可回收垃圾、有害垃圾、厨余垃圾和其他垃圾。垃圾角色需要自己绘制，每类垃圾设置 4 个造型。

15.2.1 可回收垃圾

绘制“可回收垃圾”角色，如图 15–3 所示，它的 4 个造型分别是废纸张、废塑料、废金属、废织物。

图 15–3 绘制“可回收垃圾”角色

15.2.2 有害垃圾

绘制“有害垃圾”角色，如图 15–4 所示，它的 4 个造型分别是消毒剂、荧光灯管、废药品、废电池。

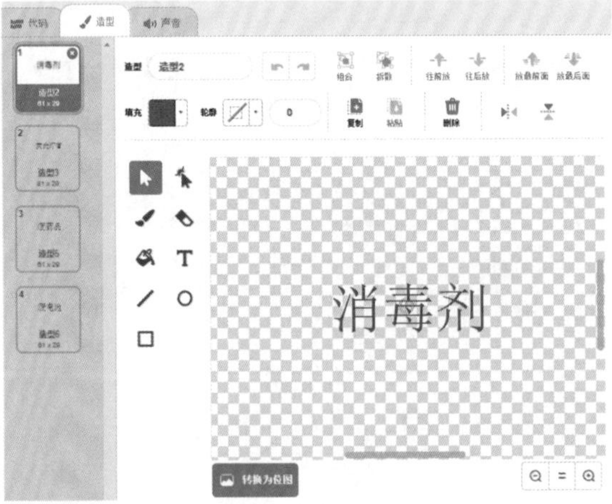

图 15–4 绘制“有害垃圾”角色

15.2.3　厨余垃圾

绘制"厨余垃圾"角色，如图 15-5 所示，它的 4 个造型分别是剩饭剩菜、过期食品、蔬菜水果、中药残渣。

图 15-5　绘制"厨余垃圾"角色

15.2.4　其他垃圾

绘制"其他垃圾"角色，如图 15-6 所示，它的 4 个造型分别是湿纸巾、纸尿裤、贝壳、餐盒。

图 15-6　绘制"其他垃圾"角色

15.2.5 开始按钮与游戏标题

绘制"开始按钮"角色，如图 15-7 所示，它只有一个造型。当程序执行时，点击该按钮，游戏正式开始。

图 15-7 绘制"开始按钮"角色

绘制"游戏标题"角色，如图 15-8 所示，它只有一个造型。当程序执行时，游戏标题显示在舞台正上方，游戏正式开始时隐藏。

图 15-8 绘制"游戏标题"角色

15.2.6 加分与减分

　　当垃圾碰到对应的垃圾桶时，分类正确加 2 分，"+2"角色在舞台中间显示一会儿，然后隐藏。当垃圾分类错误时要减 2 分，"-2"角色也是在舞台中间显示一会儿，然后隐藏。图 15-9 所示为"+2"角色，图 15-10 所示为"-2"角色。

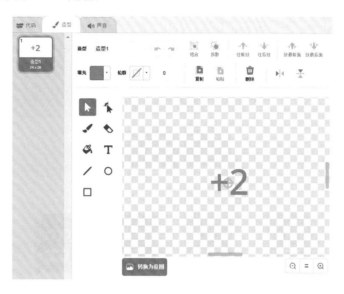

图 15-9　绘制"+2"角色

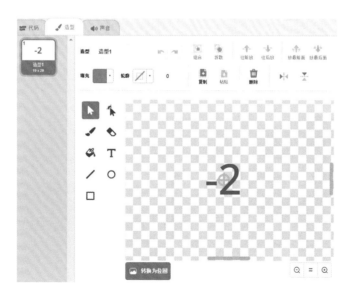

图 15-10　绘制"-2"角色

15.3 游戏开始界面

角色绘制完成以后，就可以开始给每个角色编写程序了。当点击绿旗时，不会立即进入游戏界面，而是进入如图 15-11 所示的游戏开始界面。只有点击"开始"按钮后，才进入正式的游戏界面。当前界面只有 6 个角色，4 类垃圾角色和加减分角色是隐藏的，接下来编写当前状态下各个角色的程序。

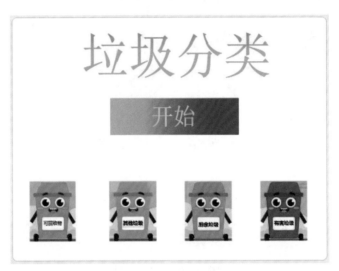

图 15-11　游戏开始界面

15.3.1　垃圾桶的程序

先为垃圾桶编写程序，垃圾桶的位置固定不变，不用进行其他操作。编写垃圾桶的程序如图 15-12 ～图 15-15 所示。

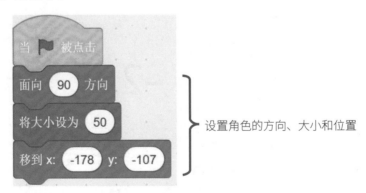

图 15-12　可回收垃圾桶的程序

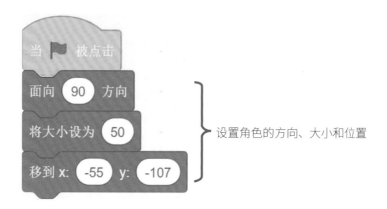

图 15-13　其他垃圾桶的程序

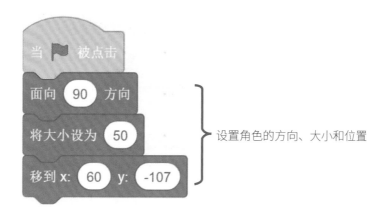

图 15-14　厨余垃圾桶的程序

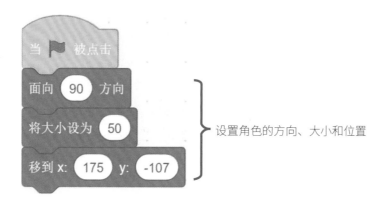

图 15-15　有害垃圾桶的程序

15.3.2 开始按钮的程序

"开始按钮"角色只在正式开始游戏前显示在舞台上方，用户点击该按钮后，该按钮和"游戏标题"角色都会隐藏，然后进入正式游戏环节。在此广播一条"开始下落"消息给"游戏标题"角色和各类垃圾角色。"开始按钮"的程序如图 15-16 所示。

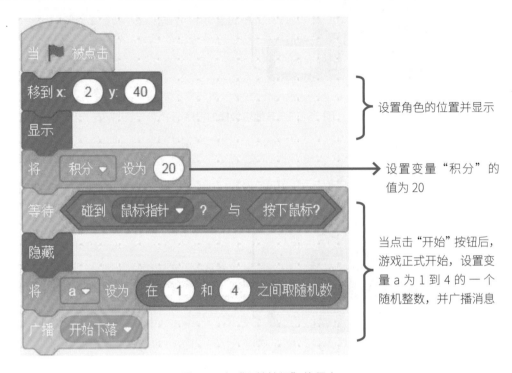

图 15-16 "开始按钮"的程序

所有的垃圾角色都会收到该广播，怎样确定哪一类垃圾下落呢？在此使用一个公有变量 a，a 的值为 1 到 4 的一个随机整数，当 a 为 1 时，可回收垃圾下落；当 a 为 2 时，其他垃圾下落；当 a 为 3 时，厨余垃圾下落；当 a 为 4 时，有害垃圾下落。

游戏正式开始后，垃圾角色开始从舞台上方下落，直到碰到垃圾桶为止。为了实现垃圾角色重复下落，通过消息机制实现该功能，即当垃圾碰到垃圾桶后，垃圾角色会广播"到达垃圾桶"消息，在"开始按钮"角色中接收该消息，然后重新设置变量 a 的值，最后又广播"开始下落"消息。这样 4 种垃圾角色都会收到该消息，然后根据变量 a 的值，确定哪种垃圾显示并下落，如此就实现了 4 种垃圾随机地重复下落的功能，程序如图 15-17 所示。

图 15-17 处理"到达垃圾桶"消息

15.3.3 游戏标题的程序

"游戏标题"角色只在正式开始游戏前显示在舞台上方，其初始化程序如图 15-18 所示。当用户点击"开始"按钮后，"开始按钮"角色广播了一条"开始下落"的消息，当"游戏标题"角色收到该消息后隐藏，收到广播后隐藏的程序如图 15-19 所示。

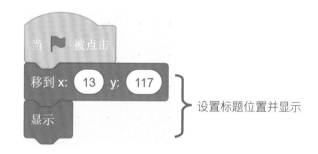

图 15-18 游戏标题的初始化程序

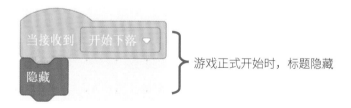

图 15-19 收到广播后隐藏的程序

15.3.4 设置背景音乐

背景音乐的播放可以放置在任何一个角色程序中，在此把播放背景音乐放置在"开始按钮"角色中，在声音库中导入可循环声音 Cave。播放背景音乐的程序如图 15-20 所示。

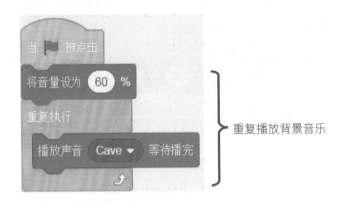

图 15-20　播放背景音乐的程序

15.3.5　"+2"角色与"-2"角色的程序

"+2"角色与"-2"角色开始时都是隐藏的，当分类正确并加分时，"+2"角色才会显示在舞台中，同样，当分类错误并减分时，"-2"角色才会出现在舞台中。它们的初始化程序是一样的，如图 15-21 所示。

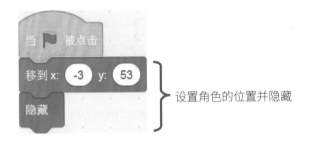

图 15-21　"+2"角色与"-2"角色的程序

15.4　正式游戏环节

当点击"开始"按钮后，进入正式游戏环节。这时舞台上显示 4 只垃圾桶和某类垃圾的某个造型。垃圾开始从舞台上方下落，垃圾种类是随机的，垃圾造型也是随机的。4 类垃圾的程序几乎一样，下面以"可回收垃圾"角色的程序为例详细讲解。

15.4.1　垃圾下落

当点击"开始"按钮后，4 类垃圾都是隐藏的。隐藏垃圾角色的程序如图 15-22 所示。

游戏正式开始前，垃圾角色隐藏

图 15-22　隐藏垃圾角色的程序

15.4.2　确定垃圾造型

当点击"开始"按钮，广播"开始下落"消息时，由于每类垃圾都有 4 个造型，因此可以通过一个 1 到 4 的随机数确定具体为哪个造型，然后移动到舞台上方的随机位置并显示。程序如图 15-23 所示，前面已经约定变量 a 为 1 时，显示可回收垃圾并下落；当变量 a 为 2 时，显示其他垃圾并下落；当变量 a 为 3 时，显示厨余垃圾并下落；当变量 a 为 4 时，显示有害垃圾并下落。在编写另外 3 类垃圾的程序时，需要判断变量 a 是否为对应的值。

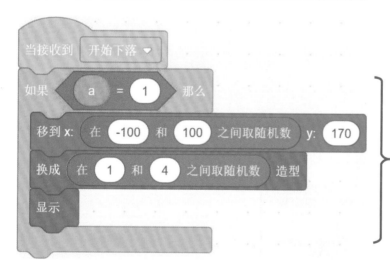

如果变量 a 为 1，把可回收垃圾显示在舞台上方的随机位置，并切换成 4 个造型中的任意一个

图 15-23　确定垃圾造型的程序

15.4.3　垃圾下落

游戏正式开始后，垃圾显示在舞台上方，然后立即开始下落，直到碰到 4 个垃圾桶中的任何一个为止。垃圾下落的程序如图 15-24 所示。

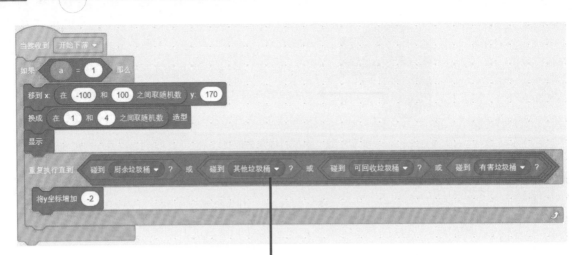

垃圾显示在舞台上方后，立即开始下落，直到碰到垃圾桶为止

图 15-24　垃圾下落的程序

15.4.4　键盘控制垃圾移动

　　垃圾在下落过程中，玩家可以通过方向键控制垃圾左右移动及快速下落。在此，把键盘控制垃圾移动的程序放置在新积木"键盘控制"中，如图 15-25 所示。然后在主程序中调用新积木即可，如图 15-26 所示。

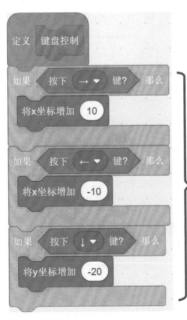

在垃圾下落过程中，可以通过方向键控制垃圾角色左右移动，或者快速下落

图 15-25　自制新积木

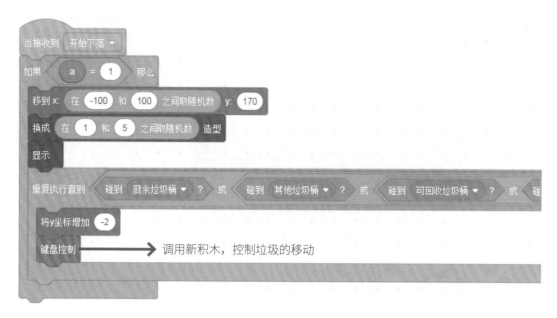

图 15-26　调用新积木

15.4.5　碰到垃圾桶

垃圾碰到垃圾桶后，不再下落，这时就可以判断垃圾分类是否正确。如果碰到的是可回收垃圾桶，则分类正确，广播"加分"消息；否则分类错误，广播"减分"消息。判断分类是否正确的程序如图 15-27 所示。

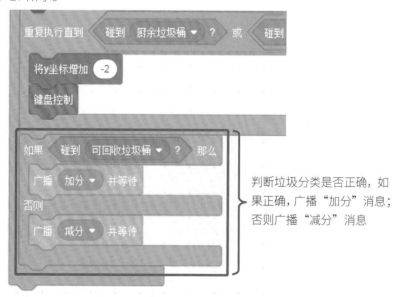

判断垃圾分类是否正确，如果正确，广播"加分"消息；否则广播"减分"消息

图 15-27　判断分类是否正确的程序

15.4.6 垃圾继续下落

当可回收垃圾碰到垃圾桶后，判断分类是否正确和加减分以后，接着又有一种随机种类的垃圾从舞台上方下落，重复可回收垃圾的动作。可以使用广播的方式实现循环，在此广播"到达垃圾桶"消息。垃圾继续下落的程序如图 15-28 所示。

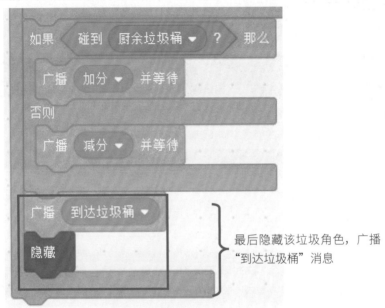

图 15-28　垃圾继续下落的程序

15.4.7 其他三类垃圾的程序

其他三类垃圾（其他垃圾、厨余垃圾、有害垃圾）的程序与可回收垃圾的程序基本一样。只需稍微修改即可，需要修改的程序如图 15-29 所示的红色方框处，每类垃圾只有在碰到自己对应的垃圾桶时才加分。

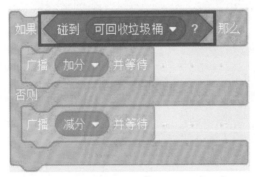

图 15-29　其他三类垃圾需修改的地方

15.5 设置积分

设置一个变量表示积分，初始积分为 20，分类正确时加 2 分，并广播"加分"消息，分类错误时减 2 分，并广播"减分"消息。当"+2"角色和"−2"角色接收到相应的广播消息后，应该怎样处理呢？

15.5.1 "+2"角色

当"+2"角色接收到"加分"消息时，在舞台中间显示 1 秒，并播放 Disconnect 声音，然后隐藏。"+2"角色的程序如图 15–30 所示。当分类正确时，显示"+2"角色，如图 15–31 所示。

当收到"加分"消息时，"+2"角色显示在舞台上，变量"积分"加 2，然后播放声音，等待 1 秒后，隐藏角色

图 15–30 "+2"角色的程序

图 15–31 分类正确时，显示"+2"角色

15.5.2 "-2"角色

当 "-2" 角色接收到 "减分" 消息时，在舞台中间显示 1 秒，然后隐藏。"-2" 角色的程序如图 15-32 所示。分类错误时，显示 "-2" 角色，如图 15-33 所示。

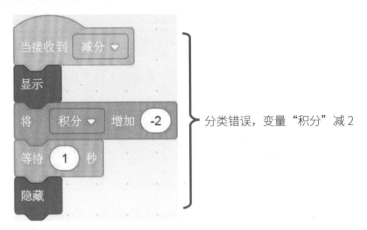

图 15-32 "-2"角色的程序

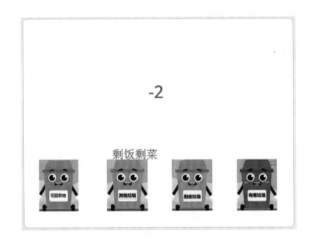

图 15-33 分类错误时，显示 "-2" 角色

15.5.3 游戏结束

在垃圾分类游戏中，开始积分为 20，当积分为 0 时，说明玩家分类错误的次数比较多，游戏以挑战失败结束；当积分为 40 分时，说明玩家分类正确的次数比较多，已经基本掌握垃圾分类知识，游戏以挑战成功结束。

为了使游戏的结束效果更好，可以再绘制两个角色，成功时舞台上显示 "挑战成功"，失败时舞台上显示 "挑战失败"。先绘制 "挑战成功" 角色，如图 15-34 所示。

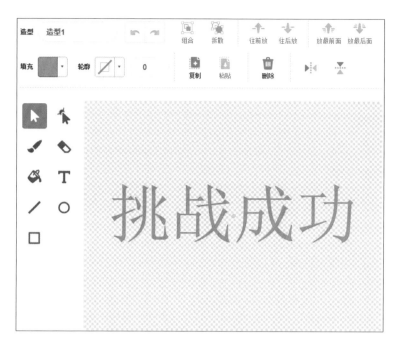

图 15-34　绘制"挑战成功"角色

编写"挑战成功"角色的程序，如图 15-35 所示。

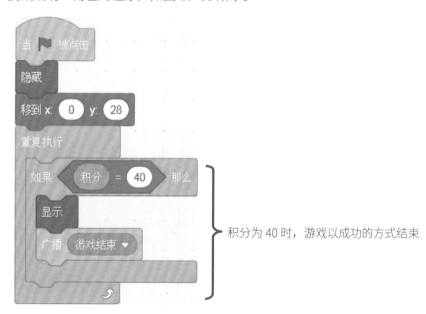

积分为 40 时，游戏以成功的方式结束

图 15-35　"挑战成功"角色的程序

接下来绘制"挑战失败"角色，如图 15-36 所示。

图 15-36 绘制"挑战失败"角色

编写"挑战失败"角色的程序，如图 15-37 所示。

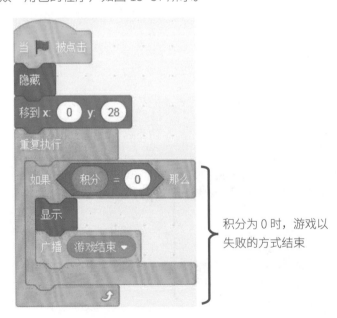

积分为 0 时，游戏以
失败的方式结束

图 15-37 "挑战失败"角色的程序

当 4 类垃圾角色、"+2"角色和"-2"角色接收到"游戏结束"消息时，应该隐藏角色并停止该角色的其他脚本。游戏结束的程序如图 15-38 所示。

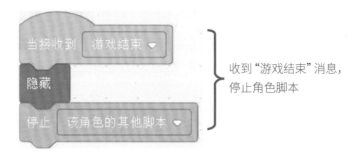

收到"游戏结束"消息，
停止角色脚本

图 15-38　游戏结束时停止角色脚本

最后，点击绿旗执行程序，点击"开始"按钮，通过左右方向键和下方向键控制垃圾下落，当积分达到 40 分时，游戏以成功方式结束，如图 15-39 所示；当积分为 0 时，游戏以失败方式结束，如图 15-40 所示。

图 15-39　以成功方式结束的界面　　　　图 15-40　以失败方式结束的界面

至此，垃圾分类游戏的编程全部完成，大家可以推荐家人、朋友玩这个游戏，在游戏中掌握垃圾分类知识，做一个懂环保、爱环境的好公民。

课后练习答案

【第1章】

一、选择题

1. D   2. C   3. D

二、判断题

1. 对   2. 对

【第2章】

一、选择题

1. B   2. B   3. A

二、判断题

1. 错   2. 对

【第3章】

一、选择题

1. B   2. B

二、判断题

1. 错   2. 对

【第4章】

一、选择题

1. A   2. A

二、判断题

1. 错   2. 对

【第5章】

一、选择题

1. C   2. A

二、判断题

1. 错   2. 错

【第6章】

一、选择题

1. B   2. D

二、判断题

1. 对   2. 对

【第7章】

一、选择题

1. D   2. D

二、编程题

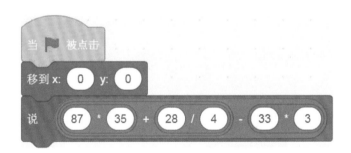

【第8章】

一、选择题

1. D   2. C

二、编程题

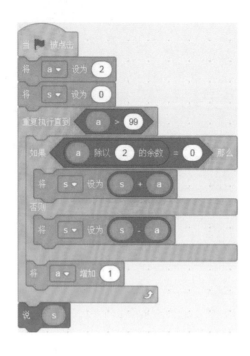

【第9章】

一、选择题

1. A   2. B

二、编程题

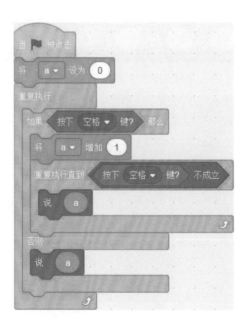

【第 10 章】

一、选择题

1. A   2. B

二、编程题

第 1 步: 导入三个角色,即小猫、小狗、画笔。

第 2 步: 编写小猫的程序。

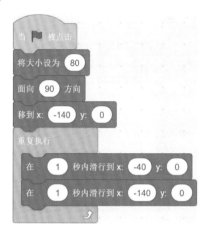

第 3 步: 编写小狗的程序。

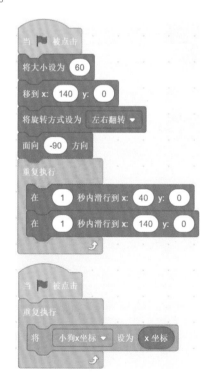

Scratch
少儿编程从入门到精通（案例视频版）

第 4 步：编写画笔的程序。

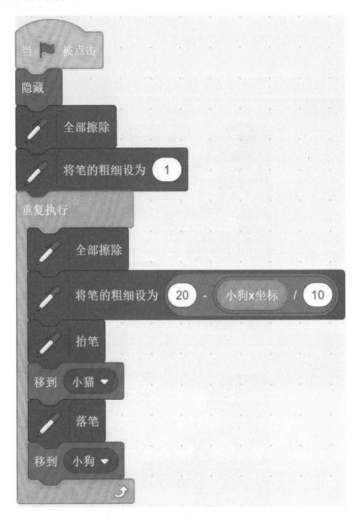

【第 11 章】

一、选择题

1. C   2. B

二、编程题

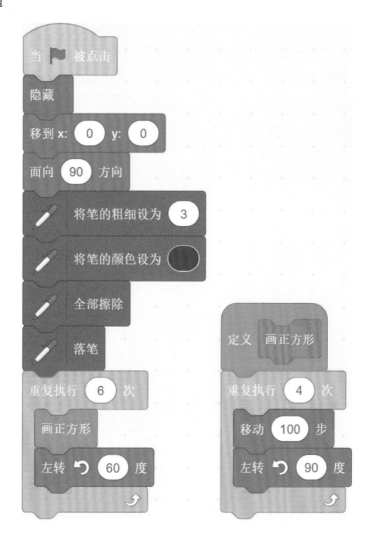